改变世界的科学

THE SCIENCE
THAT CHANGED THE WORLD

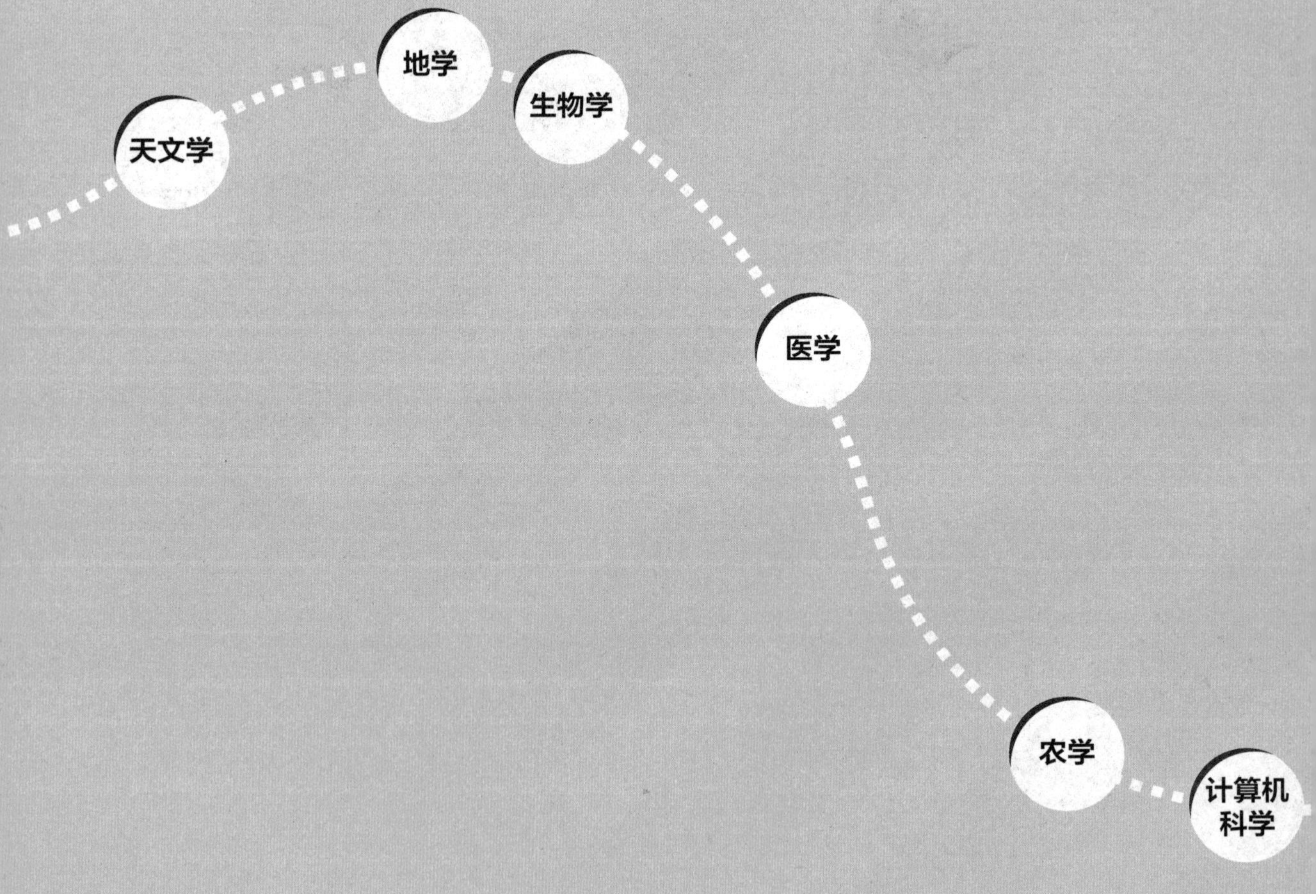
天文学
地学
生物学
医学
农学
计算机科学

上海出版资金项目
Shanghai Publishing Funds

王元 主编

改变世界的科学

化学的足迹

邓小丽 万立荣 杨 捷 周玉枝 徐祖辉 · 著

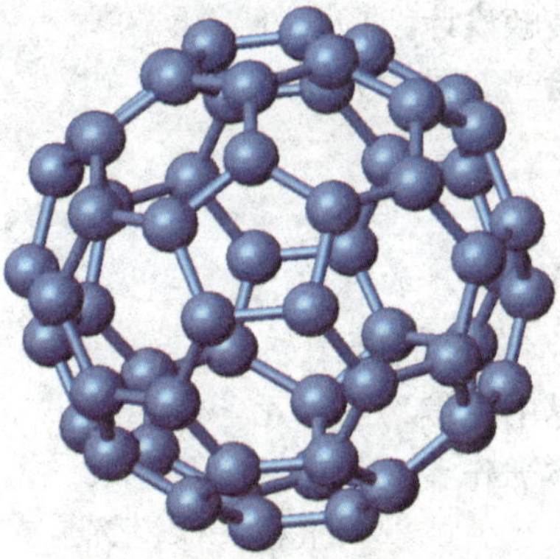

上海科技教育出版社

图书在版编目(CIP)数据

化学的足迹/邓小丽等著. —上海：上海科技教育出版社，2015.11(2022.6重印)
(改变世界的科学/王元主编)
ISBN 978-7-5428-6219-8

Ⅰ. ①化… Ⅱ. ①邓… Ⅲ. ①化学—青少年读物
Ⅳ. ①06-49

中国版本图书馆CIP数据核字(2015)第083068号

责任编辑 叶 锋
装帧设计 杨 静 汪 彦
绘　　图 吴杨嬗

改变世界的科学
化学的足迹
丛书主编 王 元
本册作者 邓小丽 万立荣 杨 捷
周玉枝 徐祖辉

出版发行 上海科技教育出版社有限公司
(上海市闵行区号景路159弄A座8楼 邮政编码201101)
网　　址 www.sste.com www.ewen.co
经　　销 各地新华书店
印　　刷 天津旭丰源印刷有限公司
开　　本 787×1092 1/16
印　　张 13
版　　次 2015年11月第1版
印　　次 2022年6月第3次印刷
书　　号 ISBN 978-7-5428-6219-8/N·945
定　　价 69.80元

“改变世界的科学”丛书编撰委员会

从20 000年前的古老陶片到20世纪末的神奇碳纳米管，

从5000年前美索不达米亚的早期天文观测到21世纪的星际探索，

从3000年前记录的动植物学知识到2000年人类基因组草图完成，

……

一项项意义深远的科学发现，

就像人类留下的一个个深深的足迹。

当我们串起这些足迹时，

科学发现过程的精彩奇妙，

科学探索征途的蜿蜒壮丽，

将一览无余地呈现在我们面前！

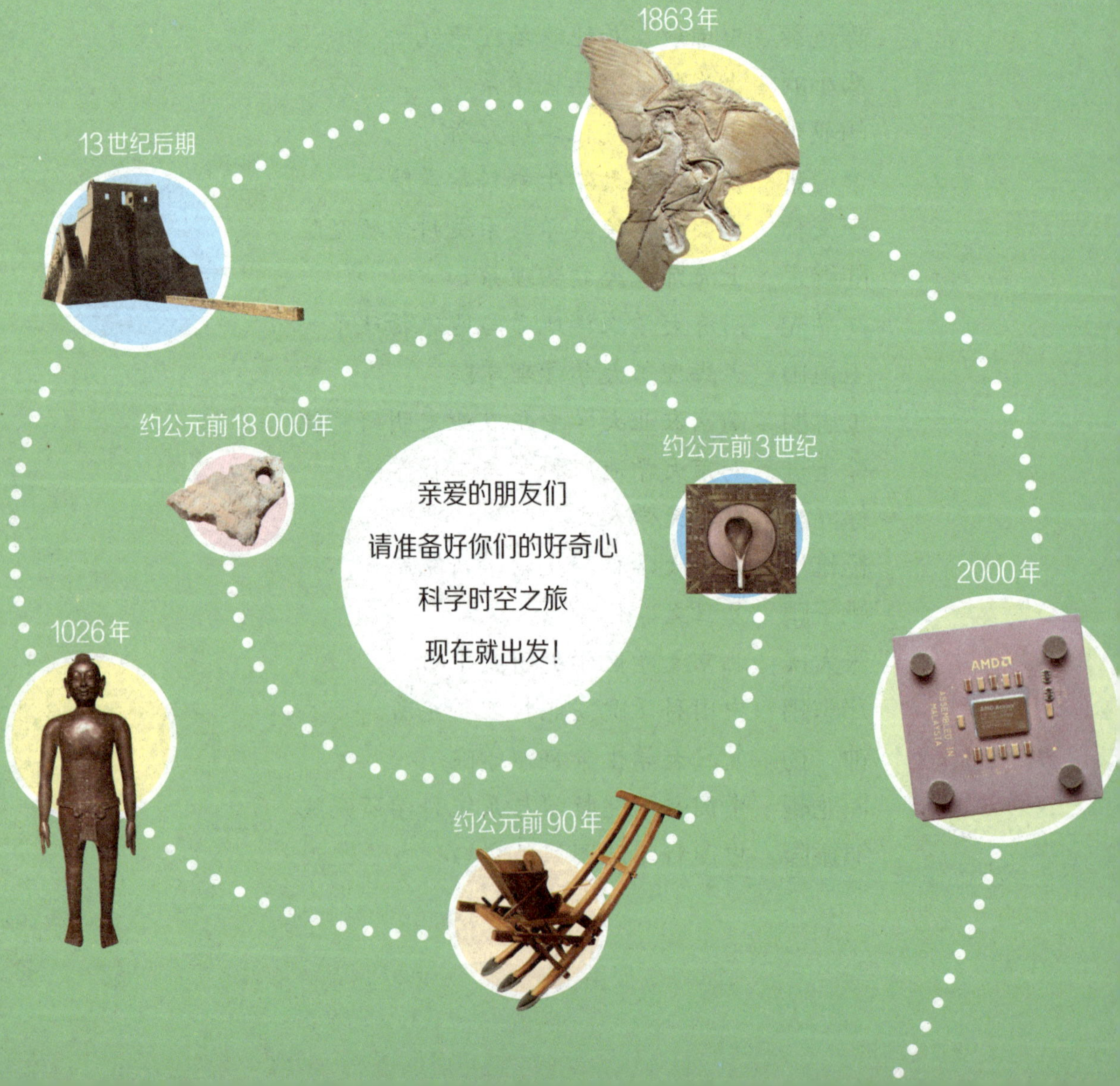

目录

约公元前18 000年
人类开始烧制陶瓷

人类烧制和使用陶瓷有着悠久的历史，中国是世界上最早使用陶瓷的国家之一，在陶瓷制造史上具有重要地位。陶瓷是陶器与瓷器的统称。瓷器被公认为是中国古代的伟大发明，china一词就有瓷器的意思。中国古代劳动人民在科学技术上的成果及对美的追求与塑造，在许多方面都是通过陶瓷制品来体现的。

蛋壳陶高柄杯（龙山文化）⓪

陶瓷属无机非金属材料，性能稳定、耐酸、耐碱、耐腐蚀、耐高温、绝缘性能优良、硬度高、可塑性小、无毒副作用。

陶瓷的烧制原料主要是黏土。黏土主要成分是硅酸铝盐，还含有其他金属化合物杂质。在高温下，这些物质发生复杂的物理和化学变化，烧结成陶瓷。所以陶瓷是混合物，成分复杂，主要成分是二氧化硅和硅酸盐。

陶瓷制品的制备主要包括配料、混合、预烧、粉碎、加黏结剂、造粒、成型、排胶、烧结等步骤。若以优质黏土为原料也可直接加水混合成型，再用火焙烧即可制成陶瓷制品。

陶瓷中烧结温度较低，获得的制品致密度也较低的，称为陶；烧结温度较高，获得的制品致密度也较高的，称为瓷。

陶瓷的发明是从陶器开始的。陶器是人类最早制成并广泛使用的人工合成材料制品，用黏土烧制陶器是材料发展史上的第一个重大突破。已发现的最古老的陶片出土于江西省万年县仙人洞遗址（大约烧制于公元前18 000年）和湖南省道县玉蟾岩遗址（大约烧制于公元前16 000年）。中国著名的早期文化遗址多有陶片出土，如裴李岗文化（约公元前6000年）的红陶和灰陶、仰韶文化（约公元前5000—前3000年）的红陶和彩陶、龙山文化（约公元前2600—前2000年）的黑陶，等等。

哥窑鱼耳炉Ⓨ

陶器的发明源于人类对火的使用。古人发现，焙烧过的土地或黏土会变得坚硬且防水，这给了他们灵感，他们将泥土塑造成各种形状进行焙烧，于是人类在用机械的方法制取石器、木器、骨器后，又不经意地用化学方法烧制成了陶器。因为陶器的捏塑、花纹雕刻相对简单，所以陶器更具功能性，器体造型也更丰富多变。

3000多年前的商代，原始青瓷开始出现。到了唐宋，瓷器的制造进入辉煌期，这期间涌现出的著名瓷窑数不胜数，如唐朝北方邢窑白瓷“类银类雪”，南方越窑青瓷“类玉类冰”，形成“北白南青”的两大窑系。宋代出现的定窑、汝窑、官窑、哥窑、钧窑五大名窑，风格独特，各领风骚。清朝乾隆年间，瓷器达到其最鼎盛的时期。当时的瓷窑有官办的御窑与官窑，也有民窑。这些瓷窑烧制的瓷器各具特色，形态优美庄重、色彩绚烂典雅、工艺精致严谨，充分展现了中国古代劳动人民的智慧和高超技艺。中国著名瓷都江西景德镇从汉朝末年开始制瓷，在元代率先烧制出元青花和釉里红，在中国陶瓷史上具有划时代的意义。千年瓷都至今依然保存着完整的传统制瓷工艺，令人肃然起敬。

人类从新石器时代开始制陶，千万年的风雨历程中积累了大量陶瓷工艺技术。随着科学技术的发展，陶瓷工艺也在不断创新发展，现在人们已经制造出了具有光敏、导电、热敏、高强度等特性的现代陶瓷，在计算机、精密仪器、电子通信、航天航空等领域得到广泛应用。

新石器时代晚期的转轮制陶Ⓒ

约公元前6000年

早期酿酒工艺出现

人类酿造酒的历史源远流长。根据记载，距今约5万—4万年前的旧石器时代“新人”阶段，已经有了最初的酒。最初的酒是含糖物质在酵母菌的作用下自然形成的。我们都知道，在自然界中存在着大量的含糖野果，而空气里、尘埃中和果皮上都附着有酵母菌。在适当的水分和温度等条件下，酵母菌就有可能使果汁变成酒浆，自然形成酒。

真正称得上有目的的人工酿酒生产活动，是在人类进入新石器时代，出现了农业之后开始的。这时，人类有了比较充裕的粮食，同时又有了盛物器皿（如青铜制的和陶制的）的制作技术，这两个条件使酿酒生产成为可能。

战国早期的青铜冰鉴（冰酒器）Ⓨ

根据对出土文物的考证，约在公元前6000年，美索不达米亚地区就已出现雕刻着啤酒制作方法的黏土板。最原始的啤酒实际上就是麦芽酒，是人类最古老的酒精饮料。公元前4000年，美索不达米亚地区已用大麦、小麦、蜂蜜等制作了16种啤酒。啤酒的酿造技术由埃及通过希腊传到西欧。现在的啤酒以大麦芽、大米为原料，加入少量啤酒花（一种草本植物，可以使啤酒产生一种特有的香气），经糖化，在低温状态下并在酵母的作用下，经过自发的发酵而制成。啤酒被称为“液体面包”，是一种低浓度、富含二氧化碳的酒精饮料。几乎所有含糖的谷物都可以发酵成为啤酒。

在中国，仰韶文化时期（公元前5000—前3000年）被认为是谷物酿酒工艺的萌芽期，当时是用蘖（发芽的谷粒）造酒。公元前2600年—前2000年的中国龙山文化遗址出土的陶器中，有不少尊、斝、盉、高脚杯、小壶等酒器，反映出酿酒在当时已进入盛行期。

酿造酒的革命性变化是人类从自发地利用微生物到人为地控制微生物，制

龙山文化的白陶鬶(酒器)Ⓨ

造酒曲。在经过强烈蒸煮的白米中,移入曲霉的分生孢子,然后保温,米粒上即茂盛地生长出菌丝,此即酒曲。酒曲里含有使淀粉糖化的丝状菌(霉菌)及促成酒化的酵母菌。利用酒曲造酒,使淀粉质原料的糖化和酒化两个步骤结合起来,这对造酒技术是一个很大的推进。

关于酒曲的起源,并没有一致的考证结论,最早谈及酒曲的文字可能就是周朝著作《书经·说命篇》中的"若作酒醴,尔惟曲蘖"。原始的酒曲来自于发霉或发芽的谷物,这些最初的酒曲经过多次的选优限劣工序,质量不断提高。后来,由于所采用的原料及制作方法越来越丰富,且生产地区的自然条件也有很大不同,酒曲的品种越来越丰富。

酒曲的生产在北魏时期的《齐民要术》中第一次得到全面总结。大致在宋代,中国酒曲的种类基本上定型,制造技术也已达到极高的水平,主要表现在:酒曲品种齐全,工艺技术完善,酒曲(尤其是南方的小曲)糖化和发酵力都很高。制作酒曲的工艺是繁杂的,工序很多,包括炒谷物、拌曲、团曲、入密闭曲室、翻曲、晒曲等。

用酒曲酿酒是我国劳动人民的伟大创举。酒曲的出现,是我国古代发酵技术的最大发明,并给现代工业带来了极其深远的影响。有了曲,才由蘖糖化(乙醇很低)发展到边糖化边发酵的双边发酵(复式发酵),进而到今天的酿酒工业。

制曲图Ⓒ

约公元前3800年
金属冶炼技术出现

在人类历史的初期，人类的生存工具主要是用石头、动物的角或者骨头制成的。随着对大自然认识的深入，人类发现还有更好的物质可以替代这些材料。这些物质就是天然的金属。

考古学的发现表明，人类最早使用的金属都是一些天然金属。这其中第一个便是黄金，因为黄金以天然的单质状态出现在一些河沙中，再加上其拥有的令人着迷的颜色和光泽,很早就被发现和利用。最早获得黄金的方法可能是淘洗河沙冲积物，这种方法可追溯到新石器时代。目前世界上已发现的金制品中最早的出现在约公元前5000年。

古埃及人洗涤、熔化和称量黄金 Ⓟ

继天然金属的使用之后，接踵而来的巨大进步是发明了从矿石中提炼金属的方法，而这些提炼工作离不开火。火的利用是人类历史上一次重大的技术革命。人类从掌握了火这一强大自然力起，就开始了最早的化学实践活动和化学工艺过程，包括制作陶器、冶炼金属。

在金属当中，铜的熔点（标准大气压下1083℃）较低，且地球表面的铜矿也比较丰富。这为炼铜技术成为最早的金属冶炼技术创造了有利条件。而炼铜技术的诞生还和人们长期用火、拥有烧制陶器的丰富经验有很大关系。随着制陶水平的提高，人们对陶器的要求越来越高，在制陶工艺中所使用的温度也越来越高。这时，如果制陶场所设在有铜矿的地方，随着温度的升高，单质铜就自然从矿物中熔化出来而被发现。随着经验慢慢积累，古人也逐渐掌握了铜的冶炼方法。对铜的冶炼是人类最早的冶金试验。

现在已知的最早的人工冶炼铜器出土于伊朗的雅亚遗址，产自约公元前3800年前。它们含有少量砷，其中有的经过了铸造、冷加工和退火等多道工序。在埃及和美索不达米亚出土的最古老的铜铸件遗物可追溯到约公元前3500年，特点是含砷和镍，使用时间相当长。中东的炼铜技术从约公元前3000年开始向它的近邻欧洲和印度传播。

青铜的发明是冶金技术的一大进步，并且标志着人类对于金属的认识与使用上了一个台阶，也标志着人类社会从石器时代跨入了青铜器时代。青铜主要指铜锡合金，往往还含有铅或其他金属。加入锡可以使其熔点降低，便于铸造，且性能得到改善，因而青铜逐渐成为古代铜器的主角。最早的锡青铜出现于约公元前3000—前2500年的两河流域，已知最早的锡青铜器产于公元前2800年的乌尔第一王朝（位于现伊拉克）。

商朝早期青铜器兽面纹爵Ⓨ

埃及青铜时代则开始于约公元前2600年，公元前2000年前后青铜技术达到全盛。公元前2500—前2000年的印度河流域哈拉帕文化出现了含砷或镍的锡青铜。欧洲在公元前1800—前1500年先后冶炼出了砷铜和锡青铜。青铜器在中国的出现时间和发展历史与两河流域相当，迄今发现的最早青铜器是甘肃省东乡林家遗址出土的青铜刀（属马家窑文化），产于约公元前3000年。与中东和印度不同，中国早期的青铜不含砷或镍。

商朝青铜翘首刀Ⓨ

青铜器时代最终被铁器时代所取代。铁的出现已有5000多年的历史，但在很长一段时期里，人类使用的是陨铁。大约在公元前1500年，冶铁技术开始出现。这时，埃及开始普遍使用铁。从公元前1400年左右起，黑海附近小亚细亚的赫梯人和亚述人开始大规模使用铁制造工具和武器。从公元前12世纪起，铁器在地中海东岸地区日益增多。到公元前10世纪，铁工具的数量终于超过青铜工具，铁成为使用最多的金属。公元前8世纪，西亚的亚述军队已使用铁制武器，铁制农具、铁制工具也被普遍使用。

中国古代冶铁图©

公元前8—前7世纪，北非和欧洲也相继进入铁器时代，并采用相对固定的工艺步骤炼铁，即块炼铁法。炼铁炉主要是地炉和竖炉，矿石在炉中冶炼后，取出全部炉料，先行破碎，分选后烧结锻造成锭，或直接经过锤打分离炼渣。这个时期的铁制品，有的较软，有的则经过渗碳和反复锤打，并经过快冷或淬火而变得很硬。这种方法在远离华夏文明的地区一直沿用到14世纪后期。

有实物证据证明，至迟在公元前512年，中国已发明液态生铁冶炼技术。中国烧陶窑和冶铜炉温度较高，具备了高温冶铁的条件。铁矿石在温度较高的炼铁炉中被高温还原并渗碳，得到含碳达3%—4%的液态生铁。这个发明大大提高了生铁的生产效率，从此，人们能以廉价的方式批量生产铁器，对于人类使用工具的变革产生了深远的影响。战国初期，还出现了用热处理方法使白口铁中与铁化合的碳成为石墨析出的技术，发展了韧性铸铁的工艺。当时，中国在这一技术领域遥遥领先。应该说，中国古代重大发明领先于世界就是从发明液态生铁冶炼技术开始的。

金属对人类具有极大作用，它改变了人类的生产工具，进而改变人类的生产方式和生活方式。这是巨大的技术进步，它与石器的发明，都是人类在其生产力发展当中迈出的巨大跨步。人类在与大自然相适应的过程中，冶炼金属的设备、工具以及技艺不断进步，人类改造自然的步伐也在不断加快。

约公元前2400年
埃及人使用靛蓝染色

古人很早就学会了提取大自然的有色物质进行染色。大约在公元前2400年，古代埃及人就会用一种被称为靛蓝的植物染料进行染色，这可以从古埃及底比斯墓穴中出土的蓝袍子那里得到佐证。经考证，该蓝袍子是大约公元前2400年的产物，这是当时埃及人能用靛蓝进行染色的重要依据。但究竟是谁首先开始了靛蓝的批量生产，至今仍是个谜。

古埃及人提取靛蓝的工场Ⓦ

我们能从古埃及莎草纸绘画中看到古埃及靛蓝生产的精妙工艺，并从莎草纸上的文字中了解古埃及人的染色工艺过程。古埃及第二王朝时期（约公元前2890—前2686年）的莎草纸上详细描写了靛蓝的制取过程。古埃及人大批种植蓼蓝，作为生产靛蓝的原料。他们将蓼蓝放入发酵池内，用水浸泡，让其快速发酵，需时大致在10至15小时。然后将浸泡液倒入发酵池的捶打层内，按比例加入石灰，用脚搅拌液体，或用棒猛烈打击，加快溶解于水中的靛苷与空气中氧气的接触，使之氧化成靛蓝。此时，浸泡液由金黄色转化成绿色，然后变成蓝色。靛蓝以薄片状从溶液中析出，沉淀在池底。将池内物静置，然后弃去上层液体；将水倒入泥浆状的靛蓝中，煮几小时，除去杂质；用厚厚的羊毛袋，或者帆布袋进行过滤，尽可能地压干，再将固体物切成方块；最后将靛蓝方块置于空气中干燥。干燥后的靛蓝就可以运输和保存。使用时只须加热溶解，然后浸入布料就可以使之着色，染成美丽的蓝色。我们在农村看到的那些土布的颜色便是这种蓝色。这也是我们熟知的牛仔裤的颜色。

靛蓝具有神奇的特性，能够使许多物质着色，可以用来给羊毛、丝绸等动物纤维染色，也可用来给棉布等植物纤维染色。如今它被应用于纺织业、绘画和医药业，被认为是世界上最有价值的染料之一。

约公元前1370年

埃及制作玻璃器具

玻璃是一种透明的、具有较高强度和硬度的、不透气的硅酸盐类非金属材料。玻璃的主要成分是二氧化硅。它被广泛用于建筑和日用生活品。

1891年到1892年期间，英国古埃及考古专家皮特里对尼罗河东岸的阿马尔奈中心城进行了挖掘，发现了古埃及制造玻璃器具工厂的遗址和部分玻璃器具。这些遗物详细地展示了大约公元前1370年古埃及人制造玻璃的全部过程。从这些遗物的分析中可以明确知道，当时古埃及人已经开始大规模制造玻璃。他们所采用的方法是用亚历山大城附近的埃及湖中的碳酸钠和碎石英在坩埚中共熔，然后用一个内装模型的布袋，直接放入熔化的玻璃液中，待装满后拿出，冷却后便为成型的玻璃制品。

玻璃吹制术©

在古埃及，人们不仅能制造几乎无色的玻璃，而且还能制造有色玻璃。他们曾把石英、孔雀石、石灰一起加热到830—900℃，制成一种组成确定的深蓝色化合物——埃及蓝($CaO \cdot CuO \cdot 4SiO_2$)，它同碳酸钠一起可用来做彩陶的蓝釉。埃及蓝因含铜而带蓝色，除了含铜蓝玻璃外，还发现了含钴蓝玻璃。大约从公元前700年起，埃及的彩色玻璃瓶子风靡地中海地区，深受人们喜爱。

玻璃在古埃及是比金银还要珍贵的东西，常用来制成珠子、印章、镶嵌物、别针等小饰品。考古学家在撒哈拉的史前墓葬中，发现了专门仿制宝石的着色玻璃。可以看出这些玻璃在形状、颜色和质地上都和珠宝相似，它们被作为陪葬品让逝者带到另一个世界使用。

古埃及大批制作的玻璃不仅被广泛地用在本地区的工具和装饰之中，还大量地被输出到罗马帝国的所有地区。玻璃的出现部分取代了那些珍贵的宝石，玻璃生产工艺的不断革新也为化学的真正出现奠定了技术基础。

约公元前11世纪

发现与使用石油

石油是从地下深处开采的深褐色的可燃黏稠液体。石油储存在地壳上层，是古代海洋和湖泊中的生物遗体经过漫长的演化形成的混合物，基本组成是各种烷烃、环烷烃和芳香烃。与煤一样，它属于化石燃料。在中国古书记载中，石油又名石漆、石脑油、猛火油、雄黄油、硫黄油。最早使用“石油”这个名称的是中国宋代著名科学家沈括。

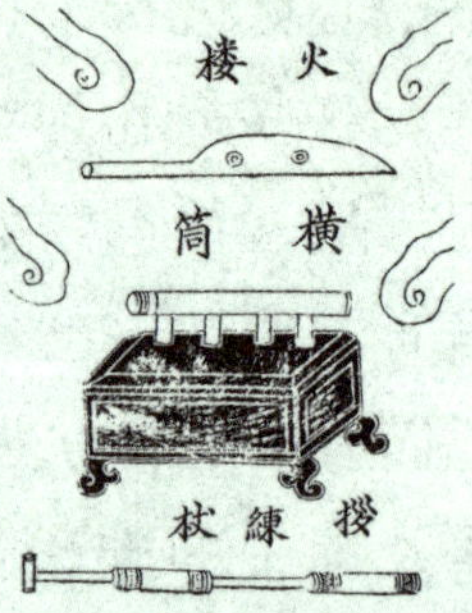

宋代《武经总要》中的猛火油柜图Ⓟ

据考证，中国发现和使用石油的时间至迟在公元前11世纪，是世界最早的。最早采集和利用石油的记载，出现于西晋张华的《博物志》，当时称石油为“石漆”。《博物志》中这样记载：“延寿县（今甘肃玉门县东南）南山石泉，注为沟，其水有脂。挹取若著器中，正黑，如不凝膏，燃之极明，但不可食，此方人谓之石漆。”（转引自唐代徐坚《初学记》。）《博物志》一书既提到了甘肃玉门一带有石漆，又指出这种石漆可以作为润滑油“膏车”（润滑车轴），还有照明之用。中国宋代军事著作《武经总要》中记载了一种叫“猛火油柜”的武器，它实际上是一种利用石油作为燃料的火焰喷射器。

中国采集石油有着十分悠久的历史，特别是通过钻凿油井来开采石油的技术，在世界上是最早的。据说，我国早在1100年就钻成了1000米的深井。这说明在那时，中国的石油钻井技术就达到了比较高的水平。明代以后，中国石油开采技术逐渐流传到国外。明代科学家宋应星所著的科学巨著《天工开物》（1637年刊行），对长期流传下来的石油化学知识作了全面的总结，对石油的开采工艺作了系统的阐述。中国古代开采石油的许多技术环节和技术项目，皆赖此书而得以流传。该书17世纪末传至日本，19世纪传至欧洲，并随后被译为日、英、俄等文字，成为世界科技史的名著之一。

《天工开物》Ⓨ

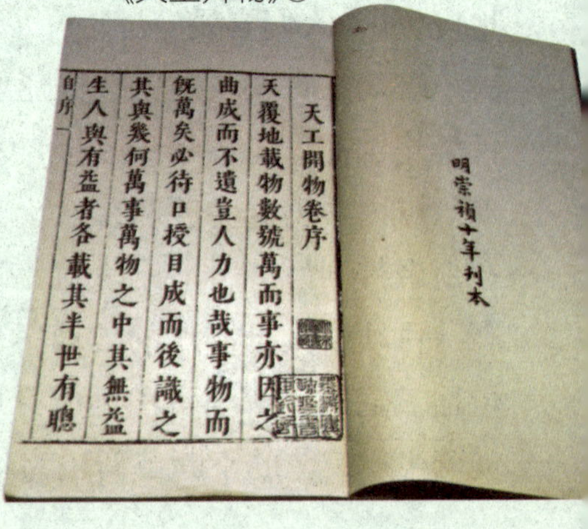

约公元前3世纪

炼丹(金)术产生

古人一直期盼炼出能让人长生不老的仙丹与代表着财富的黄金，于是便出现了炼丹术和炼金术。前者被期盼能用以炼成某种丹药，使人，尤其是那些统治者能够长生不老，以永久统治人民；而后者被期盼能用以由贱金属炼成贵重的黄金，让人能够轻易拥有财富。相比较而言，东方则更看重炼丹，西方更看重炼金。尽管这两项目标依赖火和炼炉是不能实现的，但炼丹方士和炼金术士的革命性的转化思想，使人类踏上了化学之路。

葛洪雕塑Ⓨ

炼丹术起源于中国，出现于约公元前3世纪。由于帝王们渴望长生不老，所以炼丹活动与社会政治活动联系紧密，一度兴盛。《黄帝九鼎神丹经诀》、《三十六水法》是早期的丹经，晋代葛洪所著《抱朴子·内篇》使炼丹理论形成相当完整的体系。炼丹于唐代达到鼎盛，宋代开始衰退。

黄金、丹砂和水银是炼丹术中最基本的三种物质。黄金耐蚀不朽，为万物之宝，炼丹方士们认为服之可保护肌肤，益于五脏，长生不老。丹砂(HgS)始终是方士们最感兴趣的物质，丹砂与血同色，鲜血被认为是生命的源泉和灵魂的载体，因而丹砂也被视为与灵魂有关。水银在古人看来神奇至灵：它具金之光泽，似水之性状，遇热轻飞玄化，因此服之可轻举飞升，羽化成仙。

炼丹活动中产生了非常革命的想法，即人为地创造一种环境，使自然进化的速度加快，使自然状况下不能实现的事物成为现实。丹鼎、丹釜、炼丹炉就提供了这种环境，炼丹方士就是在这样的环境中去创造他们所认为可能实现的丹方妙药。丹鼎、丹釜、炼丹炉实际上就是反应器和升华器，类似于现代水热法使用

炼金术士 Ⓟ

的反应釜。另外，炼丹之处须建丹房和丹井，相当于现在的实验室和水处理装置；还要建造符室，用于供奉丹经和储存炼丹药物，类似于现在的资料室和试剂储存室。

西方的炼金术可追溯到希腊化时期，最早的代表人物是佐西默斯和赫尔墨斯。铅、铜之类的贱金属，怎样才能变成黄金？炼金术士认为，铅或铜之所以不像黄金那样高贵和耐久，是因为它们在性质上有所欠缺，因而就需要设法用各种物质来加以弥补。一些人认为在亚里士多德所主张的四元素以外，作为各种金属的最常见的共同元素，还有汞、硫和盐这三种。根据这三种元素的配比的不同，就可以得到铅、铜或黄金。于是他们就以不同的方法并按不同的比例把这三种元素相混合，或是在贱金属中加入某一种元素，以试验能否制出黄金。另外，也有人认为，有一种具有不可思议的力量的神秘“圣石”，它可以随心所欲地把铅变成金或银。要想制出黄金，就必须首先找到它。他们也把这种“圣石”称为“哲人石”。

在近代化学建立之前，化学曾在炼丹(金)术中徘徊了好几个世纪。对永生和财富的渴望，使人们百折不回地进行各种试验。当然，永生以及使贱金属变成贵金属，都是不可能的。然而，长期的炼丹(金)活动使人们认识了很多天然矿物，了解了一些元素（如 S、Hg、Pb、As、Fe、Cu）与化合物（如铁矿、硼砂、苛性钠、草木灰、食盐）的性质；炼丹方士（炼金术士）也生产出了黄色和白色的合金，如黄铜（锌铜合金）、白铜（镍铜合金）、砷白铜（砷铜合金）、白锡银（砷锡合金）以及汞合金等；炼丹(金)活动中则发现了一些新物质，其中包括中国古代四大发明之一的黑火药；炼丹(金)活动也积累了化学操作的经验，如溶解、过滤、结晶、升华、灼烧、蒸馏、熔融、称重等。因此，恩格斯说“炼金术是化学的原始形式”。

公元前2世纪
中国发明造纸术

自文字产生以来，文字的载体发生了很多变化。最初古人将文字刻在骨片上、刻在竹简上、写在绢帛上，然而骨片、竹简、绢帛承载不了多少文字。随着人类文明程度的提高，需要交流和保存的信息量也不断增大。在中国西汉年间，当时作为文字主要载体的甲骨和竹简已经不能满足发展的需求，对文字载体改进的愿望越来越强烈——造纸术应运而生。造纸术是制造纸张的化学工艺过程。你知道最初的造纸工艺吗？你知道最初的纸张吗？

灞桥纸©

1957年5月，在中国陕西省西安市灞桥发现了一座不晚于汉武帝时代的土室墓葬。考古人员惊讶地发现，墓中竟然有麻质纤维纸的残片。根据墓葬的年代，可以推测这些纸比蔡伦改进造纸术还要早200多年，至少可以上溯到公元前2世纪至公元前1世纪。专家们将它们定名为“灞桥纸”。灞桥纸纸色暗黄，经化验分析，原料主要是大麻，掺有少量苎麻。在显微镜下观察，纸中纤维长度1毫米左右，绝大部分纤维为不规则异向排列，有明显被切断、打溃的帚化纤维，这说明在制造过程中经历过切断、蒸煮、舂捣和抄造等处理步骤。

除灞桥发现的麻纸外，还有：1933年在新疆罗布淖尔古烽燧亭中发现的西汉古纸，它是最早被发现的古纸，年代不晚于公元前49年；1973年在甘肃省金塔县居延遗址中的肩水金关发现的两块麻纸，不晚于公元前52年；1978年在陕西省扶风县中延村出土的三张麻纸，是汉宣帝时期（公元前73—前49年）的古纸；1979年在甘肃省敦煌县马圈湾西汉烽燧遗址出土了五件八片西汉麻纸；1986年，甘肃省天水市放马滩出土了汉文帝时期（公元前179—前157年）的纸质地图残片。所有这些表明了中国造纸术产生的时间不晚于公元前200年。

造纸的过程凝聚着我国劳动人民的经验和智慧，绝非一人之功。自古以来，中国人就已经懂得养蚕、缫丝。秦汉之际以次茧作丝绵的手工业十分普及。这种处理次茧的方法称为漂絮法，操作时的基本要点是，反复捶打，以捣碎蚕衣。这一技术后来发展成为造纸中的打浆。此外，中国古代常用石灰水或草木灰水为丝麻脱胶，这种技术也给造纸中为植物纤维脱胶以启示。纸张就是借助这些技术发展起来的。

尽管西汉时期我国已经有了麻质纤维纸，但质地粗糙，且数量少、成本高，无法普及。东汉的蔡伦在前人造纸的基础上改进了造纸术。他认为使纸张为大家所接受的首要工作是挑选那些常见的、易得的原料。他首先使用树皮造纸。较麻类而言，树皮更丰富且易得，这可以使纸的产量大幅度提高。然而，树皮中所含的木素、果胶、蛋白质远比麻类高，因此树皮脱胶、制浆的难度要比麻类大。为解决这个难题，蔡伦改进了造纸的技术。他将西汉时期的石灰水制浆改为草木灰水制浆。由于草木灰水有较大的碱性，大大提高了纸浆的质量。

公元105年，蔡伦把他制造出来的一批优质纸张献给汉和帝刘肇，汉和帝对他的才能大加赞赏，马上通令天下采用。这样，蔡伦的造纸方法很快传遍各地，在公元8世纪还传到了中亚及阿拉伯一带，然后又逐渐传入欧洲。

经蔡伦改进后的造纸工艺是造纸技术的一次革命。由该工艺制成的书写用纸便于携带，且原料丰富、易得，为后世抄书、拓印和雕版印刷提供了必要条件。

中国古代造纸©

作为中国古代科学技术的四大发明之一，纸的发明结束了古代用甲骨、竹简和绢帛承载文字的历史，为中国古代文化的繁荣提供了物质技术的基础，极大地推动了中国、欧洲乃至整个世界的文化传播与发展。

约公元前1世纪

肥皂发明

关于肥皂起源的传说很多，其中一个说肥皂是在古埃及的王宫中发明的。有一次国王举行盛大的宴会，一位在厨房忙碌的伙计忙中出错，将羊油打翻，羊油泼撒在一堆草木灰中。他情急之下一面将混有羊油的草木灰捧出去扔掉，一面担心满手的油污不知能否在别人发现前清洗掉。但是奇怪的事情发生了，他将手放到水中只轻轻搓了几下，就洗得干干净净，连以前洗不掉的污垢也一扫而光。后来王宫里就流传着用羊油和草木灰的混合物洗手、洗脸的“秘方”，这就是最早的肥皂。

考古学家在对意大利庞贝古城的考古过程中发现了古罗马人制作肥皂的作坊，说明早在公元前人们已经开始了原始的肥皂生产。据记载，肥皂的发明与生产始于公元1世纪前后，公元77年，古罗马学者普林尼所著的《自然史》中首次记载了用草木灰、生石灰和山羊脂肪混合制成的肥皂。

在中国，人们也很早就知道将猪油、猪胰腺与天然碱混合在一起洗涤衣物，称其为“胰子”。公元5世纪，北魏贾思勰在农业历史文献《齐民要术》中提及猪胰可以去垢。唐初孙思邈的著作《千金要方》和《千金翼方》中又记载了将洗净的猪胰研磨成糊，拌以大豆粉、香料等添加料的改良配方。明清时期的“胰子”配方中又增添了砂糖、天然碳酸钠、猪油等成分，其洗涤功能也得到进一步提高。

肥皂之所以有较强的去污能力，主要是其溶于水中的分子具有较强的表面活性和吸附性能。这些分子一端具有亲水性，另一端具有亲油性，浸润于油污和衣物之间，将油污分子从衣物的织物纤维中“拉”出来并使其乳化。乳化后的油污分子无法再黏附在衣服上。

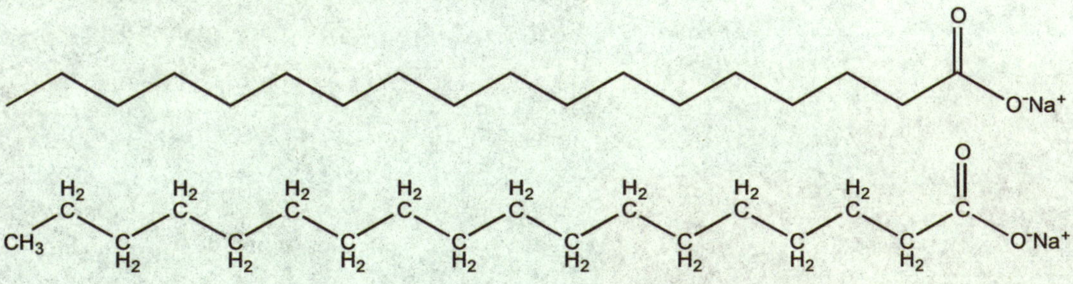

硬脂酸钠（肥皂主要成分）的化学结构①

早期的肥皂由于其昂贵的成本而只能供王公贵族们使用。到了公元14世纪,西班牙和法国开始兴建化学制皂厂。1791年,法国化学家吕布兰通过电解食盐法成功制取火碱,从而大大地降低了制作肥皂的成本,肥皂才逐渐成为平民百姓家中的日常洗涤用品。19世纪起,肥皂制造进入大规模工业生产时代。

如今常用的肥皂是脂肪酸金属盐的总称,制造所需的主要原料为油脂、碱类及其他辅料。作为肥皂主要原料的油脂是熔点较高的油脂。从碳链长短来考虑,一般说来,脂肪酸的碳链太短,所做成的肥皂在水中溶解度太大;碳链太长,则溶解度太小。因此,只有碳链长度适中(含碳数为10—20)的脂肪酸钾盐或钠盐才适于做肥皂。实际应用中,肥皂中以含碳数为16—18的脂肪酸钠盐为最多。

肥皂通常分为硬皂、软皂和过脂皂3种。硬皂即常说的"臭肥皂"。它含碱量高,去油去污能力强,但对皮肤有较大的刺激性,反复使用可使皮肤很快发生干燥、粗糙、脱皮等现象。因此,硬皂一般只用于洗衣,而不用于洗澡。软皂就是我们平时所用的"香皂"。它含碱量较低,对皮肤的刺激性较小,所以适用于洗脸、洗澡。过脂皂也叫多脂皂,不含碱。儿童香皂多属于这一类。

普通的黄色洗衣皂中一般掺有松香,白色洗衣皂中则加入了碳酸钠与水玻璃。香皂对油脂的要求比较高,一般采用牛油,或棕榈油与椰子油混用。硫磺皂、檀香皂等药皂则是在肥皂中加入了相应的药物。

肥皂的用途很广,除了大家熟悉的日常洗衣服、洗澡之外,还广泛地用于纺织工业。随着科技的发展,洗涤用品发生着日新月异的变化,各种新型的洗涤产品走进人们的生活,但有着悠久历史的肥皂还是大多数家庭离不开的日常用品,它为我们营造着洁净的生活环境。

五颜六色的肥皂Ⓨ

公元7世纪
火药发明

火药，又称黑火药，是一种早期的炸药。直到17世纪中叶，它都是唯一的以爆燃或爆炸形式进行化学反应的物质。该反应在瞬间发生，同时产生大量气体而发生爆炸。根据比较明确的文字记载，火药由中国炼丹方士发明。

历史上许多发明是未经预设的，往往是在进行一项研究的时候，偶然有了意外的发现和发明。火药的发明就是一个例证。当时炼丹方士并没想发明火药，他们企盼的是炼成长生不老药，火药只是炼丹方士在炼丹活动中的意外收获。火药的主要组成是硝酸钾、硫黄和炭。为了炼得长生不老药，炼丹方士经常把多种矿物混合起来放入火中烧炼。雄黄和焰硝（硝酸钾）早在先秦时期就已被取得并作为药物使用，两者分别为极阳和极阴的典型药物。遵循阴阳学说的配伍原则，它们常常同时被送入丹鼎，发生爆燃的机会很多。同时，炼丹方士们也注意到，不少矿物，如四黄（雄黄、雌黄、砒黄和硫黄）受强热时不稳定，易挥发，此时可用炭灰将其吸附，以利于控制反应的进行。因此，硫黄、焰硝、炭灰这三种物质经由炼丹方士之手而被制成火药是顺理成章的事。

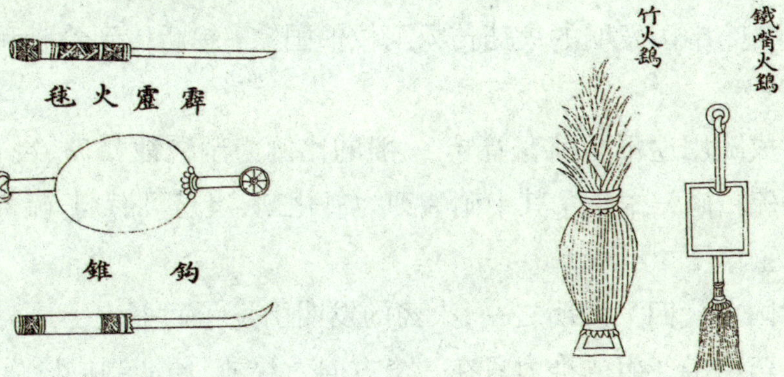

《武经总要》中记载的霹雳火球（左）和铁嘴火鹞 Ⓟ

我国著名的唐代医药学家孙思邈为了总结炼丹方士的经验，收集了大量河洛地区和关中地区炼丹方士的配方，从中提炼出火药的配方。在他所著的《丹经》里就有硝石、硫黄和炭化皂角子混合后用火点燃能猛烈燃烧的记载。这是迄今为止发现的最早的有文字记载的火药配方。而后，在8世纪时，中国炼丹方士发明了以硝石、硫黄、木炭为主要原料的“伏火硫黄法”。唐元和三年（808年），

无烟火药①

炼丹方士清虚子撰写的《太上圣祖金丹秘诀》中记载了“伏火矾法”。公元904年,唐末吴王杨行密军围攻豫章(今江西南昌),部将郑璠命部下“发机飞火,烧龙沙门,率壮士突火先登入城,焦灼被体”,这是火药最早使用于军事的记载。北宋《武经总要》中记载了三种复杂的火药配方,以及利用这些火药制造的霹雳火球、铁嘴火鹞等炸弹。

到了13世纪,中国发明的火药传入阿拉伯国家,然后传到希腊和欧洲乃至世界各地。

火药的组成随用途不同稍有差异,一般的比例为硝酸钾75%、炭15%、硫黄10%,简称“一硫二硝三木炭”,其中硝酸钾为氧化剂,炭是可燃剂,硫黄则起到可燃和胶粘的双重作用。

火药是中国古代四大发明之一,火药的发明引发了武器史上最为重要的革命。如果让火药燃烧产生的推力只在一个方向上释放,便能制成枪弹。如果火药是在一个密闭的容器里点燃爆炸,当爆炸的压力超过容器能承受的极限压力时,容器就会瞬间裂成碎片,杀伤敌人,这就是炸弹。如果让火药在一个壳体里燃烧,并让火药产生的热气向后喷射,那么这个壳体就会沿着相反的方向前进,这就是火箭。可见火药的发明不仅结束了冷兵器时代,而且为人类制造新武器提供了条件,并为今天的航天技术奠定了最为重要的技术基础,对人类社会的进步与发展产生了极为深刻的影响。

17世纪上半叶

海耳蒙特发现多种气体

中世纪的炼金术是化学的萌芽。此时的化学工匠们只是忙于炼金术或制造涂料、玻璃。要从炼金术中走出来，迈上真正的化学之路，需要一批敢于创新和实践的人。比利时医药化学家海耳蒙特正是化学由炼金术向近代化学过渡时期的代表性人物。

在海耳蒙特的时代，人们相信炼金术的魔术气息，即物质能够以不可预测的方式产生变化，很少有人进行精确的化学实验。精于观察的海耳蒙特却非常重视实验，是最早使用天平测量反应物和产物的化学家。他进行了一系列重要的量化实验，这些实验在科学研究史上具有划时代的意义。

海耳蒙特Ⓟ

海耳蒙特的实验非常精确仔细，日后留下来的记录显示，光是测定汞的重量，他就重复了两千次。在精细的测量中，他发现亚里士多德的四元素说是不正确的。他认为气体和水是两个最原始的元素，物质是由这两个元素所构成。水参与化学反应，而气体则不参与化学反应。气体并非只有一种，不同的物质含有不同的气体。这些气体与空气不同，有自己独特的性质。海耳蒙特把它们称为“gas”。这是人们第一次使用gas一词来表示气体。当时，人们刚发现气体，对它所知甚少。海耳蒙特认为自然中的每一个生物体都含有气体，在特殊的条件下，例如加热时，气体就会释放出来。海耳蒙特描述了气体的产生过程。他燃烧62磅煤炭后，发现只留下1磅的灰分。他认为那61磅物质转化成了气体，离开了容器。现在我们知道这种气体就是二氧化碳。

17世纪上半叶，海耳蒙特还考察和描述了许多气体，例如当木炭燃烧、酒发酵时产生的或从矿井中发现的二氧化碳气体，硝酸和银反应时生成的红色有毒的二氧化氮气体，二氧化硫燃烧时释放出的三氧化硫气体，来自人体的可燃性气

钟楼旁海耳蒙特试验炼金术的房屋⓪

体(甲烷、硫化氢等)等等。

在海耳蒙特之前，人们只有空气的概念，并没有多种气体的概念。是海耳蒙特首先发现空气和气体的差异，发现了气体的多样性。因为海耳蒙特率先对气体做了大量研究，人们称海耳蒙特为“气体化学之父”。

海耳蒙特将他的实验发现写成小册子，用来教导周围的人。但这些小册子流传出去之后，却引发了很多质疑和反对。

有的人想不通他为什么终日与一些穷人、病人为伍，做一些不知所谓的实验。有些人发现他在实验中竟然还去闻病人的尿的气味。他对所有质疑的答复非常简单：“如果你们真正尝过知识的甘甜，就会发现那真的比蜂房下滴的蜜还甜。”

印有海耳蒙特头像的邮票Ⓟ

1623年，统治当局下令焚烧他的所有小册子，第二年，他被判入狱。他为自己申诉辩解，却换来了刑罚的加重。他还被加上脚镣手铐，游街4天。但他仍拒绝认罪，因此又被判全家长期监禁。他的两个女儿更是病死狱中。1644年，在漫长的刑期结束后的第三年，他离开人世。

时间证明，海耳蒙特的坚持是正确的，他的定量实验，将化学和医学带上正确的轨道，极大地推动了它们的发展。

17世纪中叶

玻意耳使用植物色素作为酸碱指示剂

中世纪，中国与欧洲的外贸来往使中国丝绸进入了欧洲。丝绸的引入促进了欧洲染色工艺的发展。在16世纪，人们就已经认识到某些植物的汁液具有着色剂的功效，法国人已经用这些汁液来染丝织品。也有一些人观察到许多植物汁液在某种物质的作用下可改变颜色，例如有人观察到酸能使某些汁液转变成红色，而碱则能够把它们变成绿色和蓝色。但是，因为在那个时候还没有任何人对酸和碱的概念下过确切的定义，所以这些酸和碱能够改变汁液颜色的化学现象并未受到人们的重视。

石蕊地衣⓪

到17世纪，科学家真正开始阐述一些基本的化学概念，其中一个非常重要的工作就是区分和定义酸、碱、盐。17世纪中期，英国化学家玻意耳着迷于德国化学家格劳伯的制备酸碱盐的工作。当时，格劳伯已经由大量实验得出物质可分为酸、碱和盐，但不知如何鉴别它们。玻意耳了解法国染色匠让植物汁液变色的事，于是他最先开始用某种植物汁液（石蕊汁）进行酸的实验。他注意到，当把酸滴到盛有这种紫色汁液的瓶中时，汁液变红；同样，当他把碱与该紫色汁液反应时，汁液转变成蓝绿色。这个发现让玻意耳一下子明白了100多年前就已经为染色匠注意到的植物汁液变色的缘由。玻意耳通过大量实验归纳得出，所有的酸都能使蓝色植物汁液变红，而碱能使红色植物汁液变蓝。与此同时，他还注意到，某些物质不会引起植物汁液的颜色变化。玻意耳认为它们既不是酸，也不是碱，而是“中性”的盐。

玻意耳最先为酸碱下了明确的定义，最早发现了酸碱指示剂，开创了物质鉴别的方法。他还第一个引入并使用“化学分析”一词。后人把玻意耳称为 近代定性分析化学的奠基人。

1661年

玻意耳《怀疑派化学家》出版

1661年，英国化学家玻意耳的《怀疑派化学家》一书出版。该书用对话体形式，通过4位人物的一场激烈的辩论对话，对当时占统治地位的元素说进行了全面的批判。书中的4位人物分别是：古代四元素说的一位捍卫者，他认为宇宙万物由土、水、气和火四种元素组成；三要素说的一位代言人，他认为万物都是由硫、汞和盐三种元素按不同比例组成的；一位怀疑派化学家，他代表了玻意耳本人的观点，认为物质的形成是复杂的，非四元素说和三要素说所能包含；最后是一位不偏不倚的中立派化学家。

玻意耳通过这4位代表人物的辩论，使人们认识到：化学要发展，必须拨开笼罩在化学上的各种神秘面纱，摆脱传统哲学思辨的束缚，以精确可靠的观察和实验为基础建立新的化学理论，将化学确立成科学。

玻意耳还敏锐地察觉到，以往笼统粗浅的观察造成了理论上的混乱，必须立足于严密的实验基础，化学才能执行光荣和庄严的使命。玻意耳是出色的实验家，改进了许多仪器，制备了酸碱指示剂，发现了许多显色反应和沉淀反应，能够鉴别大量不同的物质。他以可靠的实验事实为依据，对亚里士多德的四元素说和医药学派的三要素说提出质疑，指出黄金不能分解出水、火、土、气或硫、汞、盐等元素。玻意耳对火能将一切物质分解成元素的错误观点也进行了批判，证据之一是：木头燃烧后变为灰烬，但蒸馏后却得到水、醋、油、炭和木精。

玻意耳摧毁了旧元素论，但他并不打算建立新元素论，而是利用微粒说解释物质的生成和变化：组成物质的基本材料是一种细小致密、不可分割的粒子，粒子结合成粒子团，物质的性质由粒子团的结构与运动决定。这种微粒说得到了牛顿的赞赏和继承。

玻意耳Ⓟ

1704年
迪斯巴赫发明普鲁士蓝

普鲁士蓝是最早的合成颜料，它是一种具有较高着色力的深蓝色颜料。它是三价铁盐与亚铁氰化钾反应得到的深蓝色沉淀，可以用来上釉和做油画颜料。由于最先在柏林被发现，故也被称为柏林蓝。

用普鲁士蓝作颜料的油画Ⓟ

普鲁士蓝是在一个偶然的场合下，被德国艺术家迪斯巴赫于1704年发现的。当时，迪斯巴赫在德国炼金术士迪佩尔的实验室工作。作为颜料调配艺术家的迪斯巴赫想调出用于绘出胭脂红色的湖畔阴影的颜料，他从迪佩尔处拿了用于调配该阴影的碳酸钾。然而迪佩尔给他的不是纯碳酸钾，而是混有迪佩尔油（一种能绘出深棕色阴影的骨油）的碳酸钾。他将这种不纯的碳酸钾与其他染料一起焙烧，然后溶解、过滤、蒸发，得到黄色晶体。然后他将这黄色晶体与三氯化铁反应，试图得到他所需要的颜料。然而反应后，出现在他眼前的不是他原本想得到的东西，而是一种让他兴奋不已的漂亮的深蓝色沉淀。对于这种蓝色沉淀，迪斯巴赫又进行了许多实验，发现这是一种性能优良的颜料。就这样，无意之中，迪斯巴赫合成了一种新颜料。从此，艺术家们多了一种漂亮且易着色的颜料，化学界也多了一个氰化物研究领域。

在普鲁士蓝被发明之前，人们是用蓝色的植物色素进行着色。蓝色的植物色素太昂贵，也不易着色，而普鲁士蓝不仅易获得，且易着色。所以，这一独特颜料对欧洲绘画和染色产生了巨大影响。这也就是18世纪晚期至19世纪蓝色变得如此流行的缘由。今天，普鲁士蓝仍旧被广泛用在文教用品、绘画颜料、染料、印刷油墨、有色玻璃和陶瓷的生产中。

科学发明有时候就是这样，来源于偶然，来源于直觉，有时也来源于对一件看似不起眼的小事的关注和进一步研究。

1723年
施塔尔《化学基础》出版

18世纪欧洲资本主义确立，工业生产有了较大的发展，其中与燃烧有关的冶金、炼焦、玻璃、石灰、陶瓷、肥皂等化学工业有了普遍的发展，燃烧成了化学领域研究的中心问题。

1669年，德国化学家贝歇尔在《土质物理》一书中提出燃烧是一种分解作用，他还提出了“油土”的概念。

贝歇尔的学生、德国哈雷大学的医学与药理学教授施塔尔继承了老师的观点，并将其发展成一个完整、系统的理论。1723年，他的《化学基础》一书出版。该书分为理论和实践两个部分。在理论部分，施塔尔鲜明地提出了他的燃素说和他对化学的理解。他认为所有的可燃物和金属都含有一种共同的元素，即燃素。对所有物体，燃素都是一样的。当燃烧物燃烧时，燃素就逸出，但它能从一物体传给另一物体。燃烧后剩下的灰烬不再含有燃素，也不能再燃烧。若把金属残渣和易于燃烧的物质（木炭、油等）一起加热，可使残渣复原，这时金属重新产生。

施塔尔Ⓟ

施塔尔认为物质可以分解成它的构成成分，反过来，也能由它的成分组合成该物质。他认为化学有两个目标：一是对物质进行分解，二是将物质进行组合。

在该书的实践部分，他详细描述了物质分解和组合的实验过程，以及他所用到的实验仪器和采取的实验操作（包括气化、熔化、液化、蒸馏、沉淀、结晶等）。他还描述了他对一些物质的性质的研究。如：对水的研究；对“土”的研究，即对盐的研究；对“金”的研究，即对金属（包括金、银、铜、铁、锡、铅等）反应的研究。和当时的炼金术士一样，他也对汞、哲人石和医药进行了大量研究，这些研究也被详细地记录在该书中。

施塔尔的《化学基础》全面地展示了他的燃素说及其应用，并将理论和大量实验事实联系在一起，解释了一些当时不能解释的现象，这是对燃烧过程进行全面科学解释的最早尝试。施塔尔的燃素说还将大量的化学事实统一在一个概念之下，获得了当时很多科学家的赞同，成为18世纪化学的中心学说。化学正是借助于燃素说从炼金术中解放出来。另外，燃素说认为的化学反应是一种物质转移到另一种物质的过程的观点，以及化学反应中物质守恒的观点，奠定了近现代化学的基础。

然而，燃素说是错误的，很大程度上，它与正确的燃烧学说是相颠倒的。燃素说所称的“除去燃素”实际上是加入氧的过程，“加入燃素”实际上是除去氧的过程。尽管在几十年中，这个富有成效的理论和实践促进了燃烧及其相关现象的研究，但它毕竟是错误的，这在某种程度上阻碍了化学的进步。1756年，俄国化学家罗蒙诺索夫用实验证明，化学反应前后物质的质量相等，由此证明燃素并不存在。1777年，法国化学家拉瓦锡向法兰西科学院提出了一篇报告《燃烧概论》，系统阐述了关于燃烧的氧化学说，指出只有在氧存在时物质才会燃烧，从而彻底推翻了燃素说。

燃素说认为可燃物都含有燃素Ⓨ

1751—1789年
发现镍、钨、铀等元素

从石器时代认识金开始，到18世纪中期，人类在长期的生产生活实践中已经发现了当时并不认为是元素单质的16种物质：金、银、铜、铅、锡、铁、汞、锑、铋、锌、铂、钴、硫、碳、磷、砷。随着化学分析方法和技术的发展以及化学元素学说的确立，人类才开始有意识地寻找新元素。我们来了解一下三种有代表性的金属元素的发现。

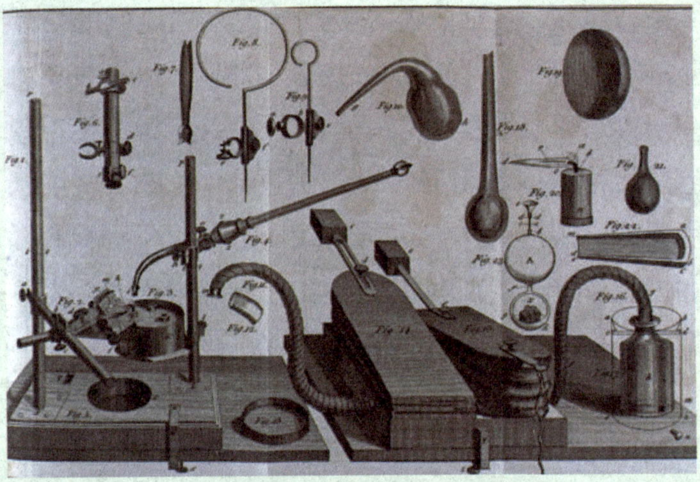

克龙斯泰特进行矿物研究所用的设备Ⓟ

镍是由瑞典化学家克龙斯泰特借助瑞典所蕴藏的丰富的稀有矿石，以及他作为矿务局冶金技师，能够一直参与矿物冶炼的“便利”，于1751年发现的。

镍的发现源于一种被称为“假铜”的矿石，这种矿石很重，表面呈红棕色，带有绿颜色的斑点。克龙斯泰特将这种矿石在酸中溶解，溶液呈绿色，与一般铜盐溶液的颜色一样，他于是以为这种矿石应该是铜矿石。当他将铁块投进该溶液中后，预计会析出的铜却丝毫不见。难道这种矿石里的物质不是铜，而是一种新物质？于是，他将矿石表面呈绿色的部分($NiCO_3$)与木炭共热，结果产生了黑色的块渣。这些黑色物质经过化学处理后生成了一种粗金属，表面呈淡黄色，而切面则呈现出莹白的光彩，质硬而脆，能被磁石吸引。将其溶于硝酸、王水和盐酸中，可以得到绿色的溶液。这些性质显示，这种物质与当时已经发现的所有金属都不相同，克龙斯泰特确认这是一种新的金属。他将这种金属命名为“nickel”(镍)，即“小鬼”的意思。那种“假铜”也被相应叫作“红镍矿”。

实际上，在克龙斯泰特发现镍之前2000年左右(约公元前3—4世纪)，中国已经掌握了用铜矿和镍矿炼制洁白如银、坚硬的“白铜”的方法，中国是世界上最早知道使用镍的国家。直到现在，波斯语、阿拉伯语中还把白铜称作为“中国石”。

铀矿石Ⓦ

钨是由瑞典化学家舍勒于1781年从白钨矿中发现的一种新元素。舍勒在对瑞典出产的一种当时被误认为锡矿和铁矿的白色矿石进行分析时发现，这种矿石并不含锡，也不含铁，只含有石灰和另一种特殊的固体物质。舍勒称此物质为钨酸，并且认为，将钨酸还原，有获得一种新金属的可能，舍勒给这种新金属取名为“tungsten”（钨），意思是“重石”。1783年，西班牙化学家德鲁亚尔兄弟从瑞典的一种黑褐色的矿石中，也得到了已被舍勒发现的钨酸。于是他们将钨酸和木炭粉末的混合物密闭灼烧，发现生成了一种黑褐色固体。在放大镜中观察，其中含有金属光泽的颗粒，这便是金属钨的颗粒。不过，纯净的钨单质是在舍勒发现钨元素后67年才获得的。

钨的中国名字则是在1911年由湖南高等工业学校的李国钦所起。他在矿物考察时发现了一种当时国内还未见到的黑色矿砂，他将其命名为“钨”。这也是中国首次发现的钨矿。标准大气压下钨的熔点是3415℃，为所有金属中最高。钨是重要的战略资源。

铀是于1789年由德国化学家克拉普罗特发现的一种放射性元素。克拉普罗特将一种黑色的矿石（沥青铀矿石）加硝酸溶解后，再加碳酸钾中和，得到一种黄色沉淀物，接着他将这种黄色沉淀用木炭高温还原，得到有金属光泽的黑色粉末，他断定其中必有一种新元素存在。他就用1781年新发现的一颗行星的名字——天王星（Uranus），将其命名为“uranium”，元素符号定为U。1841年，法国化学家佩利戈特证实克拉普罗特提取的是铀的氧化物（UO_2）。于是他将钾与无水氧化铀置于白金坩埚中，密闭加热还原，制取了黑色金属粉末铀。之后，人类又发现了铀的放射性和核裂变现象，于是铀由废变为宝，成为了主要的核原料。

1755—1772年
发现二氧化碳、氢气和氮气

18世纪后期，二氧化碳、氢气和氮气等几种重要的常见气体陆续被发现并得到验证，有力地推动了化学的发展。

17世纪上半叶，比利时化学家海耳蒙特发现在一些矿井中有一种可以使燃烧着的蜡烛熄灭的气体，这种气体与木炭燃烧后产生的气体一样。但这种气体是由什么组成？为何两种气体来源不同性质却相同？海耳蒙特也不清楚。1755年，苏格兰化学家约瑟夫·布莱克又进一步定量地研究了这种气体。他一次次把石灰石放到容器里煅烧，烧透后再一次次仔细称量剩下的石灰质量，发现每次都减少了44%。这种气体不烧不出来，好像固定在石灰石中一样，他把它叫作“固定空气”。它的性质像酸，碱溶液能够吸收它，它也可由呼吸、发酵和燃烧木炭产生。布莱克曾在课堂上通过管子向石灰水中呼气使石灰水变混浊，由此证明呼出的气体中含有“固定空气”。这种“固定空气”便是二氧化碳。

约瑟夫·布莱克Ⓟ

1766年，英国化学家卡文迪什发现了氢气。他用金属锌或铁，与稀硫酸或稀盐酸作用获得氢气，发现相同体积的普通空气比它重11倍，且遇火即燃，不溶于水和碱，与已知的其他气体性质相异，从而断定它是一种新的气体。氢气球可以升空，使燃素论者一度认为找到了负质量的燃素。然而，卡文迪什测出了氢气具有质量，使燃素论者再次失望。

1772年，苏格兰化学家丹尼尔·卢瑟福发现了氮气。他先让老鼠吸玻璃罩里的空气，然后用苛性钾溶液对剩余的气体进行吸收，再通过蜡烛和磷的燃烧消耗剩余空气中的助燃气，发现最终得到的气体可灭火，不能维持生命，因此将之命名为“浊气”或“毒气”。后来，拉瓦锡给它取名为“氮”。

1756年
水泥的诞生

水泥是建筑用胶凝材料，水泥也被称为现代文明的基础。无法想象没有水泥世界会是什么模样。那么，这种能让普通民居和摩天大楼屹立于风雨中的神奇材料是怎么产生的呢？

水泥是在古代建筑材料的基础上发展起来的。西方最初采用黏土作建筑用胶凝材料，古埃及人还采用尼罗河的泥浆砌筑未经煅烧的土砖。但采用泥土作为胶凝材料的建筑耐水性极差，几乎经不住雨淋和河水冲刷。

公元前8世纪，古希腊人将石灰当作建筑用胶凝材料，石灰则由石灰石烧制而成。石灰的使用，大大提高了建筑物的强度和耐久度。古罗马人吞并希腊后，改进了石灰的使用方法和工艺。他们将石灰加水消解，与砂子混合成砂浆，并掺入磨细的火山灰，进一步提高了强度、耐久度。

英国肖像画家罗姆尼笔下的斯米顿 Ⓟ

但石灰只能在干燥的环境下发生硬化作用，遇到水和下雨天就没法使用了。而建筑物往往无法避开雨水，有时候建筑物还要建到水下。那么，有没有能真正防水的胶凝材料呢？

18世纪出现了一种水硬性胶凝材料——水泥，即便在水中也能硬化，而且强度远高于石灰。水泥的诞生跟其他很多发明一样，颇具戏剧性。

18世纪中叶，英吉利海峡的一座木结构航标灯塔被大火烧毁了。这座灯塔位于英国港口城市普利茅斯的临海口艾迪斯通岩石群附近，也被称为埃迪斯通灯塔。该灯塔指引着过往普利茅斯的船只，使它们避免与埃迪斯通岩石相撞，所以这座灯塔极其重要。它的烧毁可急坏了英国政府。更要命的是，烧毁的灯塔已经是建在此处的第2座灯塔了，现在要造第3座灯塔，该用什么材料呢？英国当时建造灯塔可以用的材料有两种：木材和石灰砂浆。木材易燃，遇海水易腐烂，第2座灯塔就是木结构的，已被烧毁，因此不能再用木材了；而石灰砂浆耐水性差，更经不住海水的腐蚀和冲刷，所以压根没人用。可岩石群旁边必须得有新的灯塔才能保证船只的通行安全。该派谁去建第3座灯塔呢？英国政府思来想去，当时最有名的土木工程师斯米顿是最佳人选。

就这样，斯米顿受命前去建造第3座埃迪斯通航标灯塔。他冒险设计了一座用花岗岩为主要建筑材料的石结构灯塔，并尝试用石灰砂浆作胶凝材料。但我们知道，石灰砂浆经不住海水冲刷。他这样做，能成吗？

斯米顿自有他的打算：当时有一种白色的石灰岩，烧制成的石灰性能很好，或许可用在水下。令他没想到的是，花了很长时间运回的竟是劣质的黑色石灰石。他真是欲哭无泪，考虑到工期和进度，他只能用这些黑色石灰石试试看了。

他将这种石灰石制成石灰砂浆，用在水下固定花岗岩。可还没来得及固定，湍急的水流就将花岗岩冲走了。他又多次重复实验，但结果都是失败。

难道这种方法真的不行吗？他一次次地问自己。但他一直没有放弃。1756年的某一天，他试着将黏土掺入石灰石、沙子和铁渣中，经过煅烧、粉碎并用水调和后，注入水中。奇异的是，这种混合料在水中不但没有被冲稀，反而越来越牢固。

1759年10月16日，一座由24盏蜡烛灯照明的灯塔终于矗立在埃迪斯通岩石群旁，它照亮着英吉利海峡，指引着过往船只，极大地改善了当时的航海交通。

这是世界建筑史上最著名的建筑工程之一，因为它标志着灯塔建造从木结构时代步入了水下混凝土结构时代。由于斯米顿的创造性工作，后来该灯塔被称为斯米顿灯塔。斯米顿的贡献远远不止一座灯塔，他的伟大之处在于发明了现代水泥和混凝土，即一定比例的石灰石、黏土和沙子的混合物。这种混合物经过煅烧、粉碎，用水调和，会快速固化，至今它仍是现代防水建筑物的基础材料。

斯米顿建造的埃迪斯通灯塔Ⓦ

1770—1775年

普里斯特利革新气体实验方法

科学家都有对未知事物的强烈好奇心，以及对所从事的活动的热忱和执着的态度。英国化学家普里斯特利也不例外。他从童年起就表现出对研究自然的强烈爱好。他的兄弟曾经回忆说：普里斯特利曾把蜘蛛放进瓶子里，观察它们在封闭的空气中能活多久。

18世纪中期对气体的研究尚处在初级阶段，被发现的气体不到十种，主要是1755—1772年发现的“固定空气”（二氧化碳）、氢气和氮气。接下来的几年中，对气体的主要发现要归属于普里斯特利。

普里斯特利是英国著名的化学家。1733年3月13日生于英格兰利兹市郊区的一个名叫菲尔德海德的农庄里。普里斯特利是家中的长子，由于家境艰难，他同外公、外婆一起度过了大部分童年。1739年，母亲去世，他又被送到姑母家里居住。自幼漂泊不定的生活，养成了普里斯特利善于独立思考的性格。他刻苦好学，兴趣广泛，曾学过数学、自然哲学导论等。他做过教师，也当过牧师。在做牧师期间，他有了较多的空闲时间，可自由地从事科学研究和著书立说。他最初的科学研究是关于电学的，后来转向化学。在化学领域中，他首先对空气发生了兴趣，思考着不少有关空气的问题。1770—1775年，普里斯特利在自己的家乡——英国的利兹市，做了大量关于气体的实验。由于他家临近一间啤酒厂，因此，经常可以看到厂里许多发酵用的大桶。他注意到有一种气体从这些大桶中放出，在当时，这种气体被称为“固定空气”。这种气体吸引着普里斯特利，激发起他对未知世界的好奇和探究欲望。正是这种好奇，让他从此开始了气体实验研究的伟大创举。

普里斯特利 Ⓟ

啤酒厂提供给普里斯特利足够的研究原料。这个原料就是从啤酒桶里散发出的气

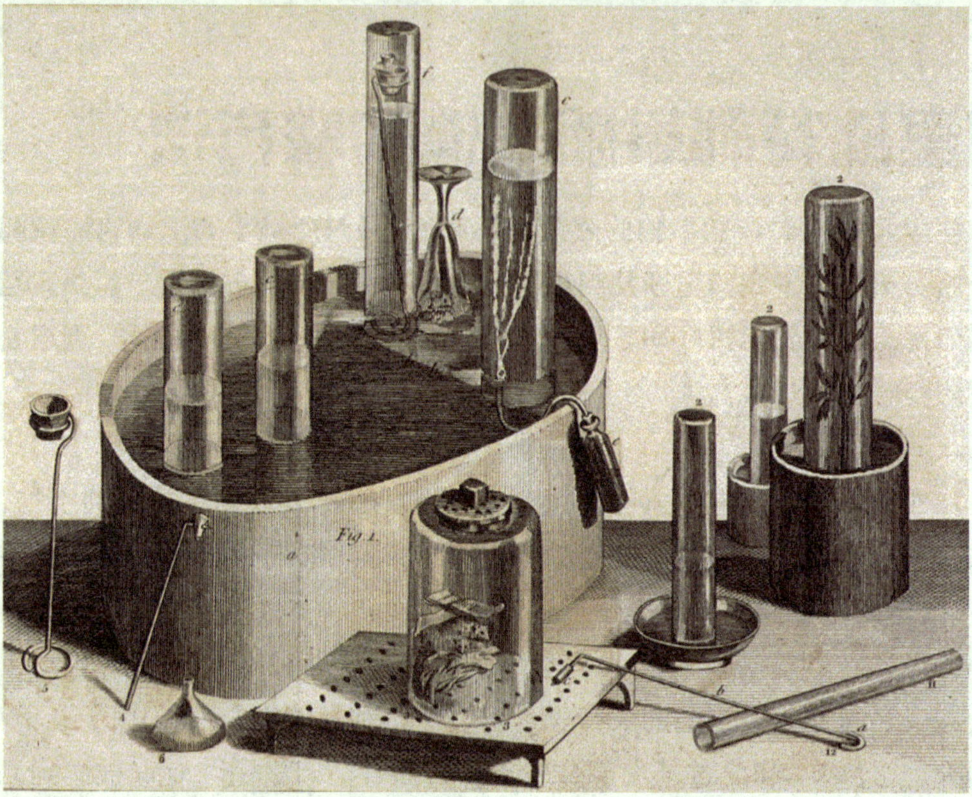

普里斯特利所用的集气槽等实验仪器Ⓦ

体。这些气体足以让普里斯特利在他的实验室里进行大量的关于气体的科学实验。与现在科学家不一样的是，普里斯特利的实验室就在自己家中，大多数实验器材也是自己设计的。普里斯特利有丰富的想象力，也有将想象力转化为现实的设计能力。他所设计的关于气体实验的器材帮助他发现和认识了许多气体。可见工匠式的技术对当时科学实验研究有举足轻重的作用。在他的研究中，大量采用了排水和排汞收集气体的方法。这在当时是极具创新的事情。他的著名的钟罩实验也为后人的研究提供了全新的方法。

普里斯特利设计了将“固定空气”收集在密闭容器中，并将绿色植物和老鼠置于其中，以观察“固定空气”对植物和老鼠的作用的实验。他发现老鼠在密闭的充满“固定空气”的容器中很快死去，而将充满“固定空气”的容器放置在阳光下，里面的绿色植物不会死去，生长很好，其中气体的性质似乎也发生了变化，变“新鲜”了。该“新鲜”气体（现在我们知道是氧气）会将余烬的木条复燃，会使火焰燃烧更旺，也会帮助老鼠进行呼吸，而不像“固定空气”那样使火焰熄灭，引起动物窒息。由此，他得出结论：植物在光的作用下会释放出一种气体，这种气体能够帮助动物呼吸。这就是我们现在所说的光合作用。

1773—1774年

发现氧气

在众多的化学物质中，氧气的重要地位是毋庸置疑的。而氧气的发现却经历过一段曲折的历史。在发现氧气的历程中，真正通过周密计划制取氧气的科学家当属瑞典化学家舍勒。

1773年，正是燃素说鼎盛时期。为了把热分解成设想的组分——燃素和“火空气”，舍勒认为要找到一种对燃素有很大吸引力的物质。他选中了硝酸，以为它能与金属反应，取出燃素。为了使硝酸能够吸收热中的燃素，舍勒先使其同钾碱化合物形成硝酸钾，然后和硫酸一起高温蒸馏，再用动物膀胱吸收放出的气体。这种气体能使点着的小蜡烛发出耀眼的光芒，而且氢气也可以在这种气体中燃烧。他认为这就是他要寻找的“火空气”。其实这就是氧气。他还发现，如果在充满“火空气”的烧瓶中燃烧磷，然后将烧瓶放入水中冷却后，瓶塞会被倒吸入瓶中。现在我们知道，这是瓶中氧气燃烧使

舍勒Ⓦ

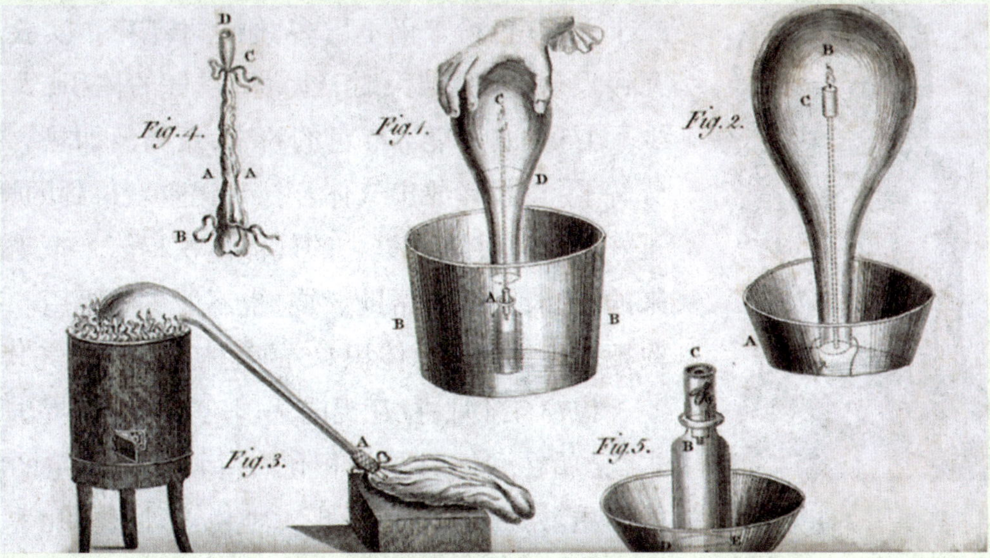

舍勒气体实验图解Ⓟ

气体压强下降的缘故。

之后，舍勒又将磷、硫化钾等放置在密闭的玻璃罩内的水面上燃烧，经过一段时间后，钟罩内的水面上升了1/5高度。接着，舍勒把一支点燃的蜡烛放进剩余的"用过了的"空气里，不一会儿，蜡烛熄灭了。由此他把不能支持蜡烛燃烧的空气称为"无效的空气"。他认为空气是由"火空气"和"无效的空气"这两种彼此不同的成分组成的。舍勒还用许多其他方法制备"火空气"，如将二氧化锰与硫酸一起加热，加热氧化汞、硝酸汞、碳酸银等。

1774年，英国化学家普里斯特利在用一个直径达0.3米的聚光透镜加热密闭在玻璃罩内的氧化汞时发现了一种气体，他呼吸这种气体后，"胸部长时间感到特别轻松畅快"，并且发现物质在这种气体里燃烧比在空气中更强烈，他称这种气体为"脱去燃素的空气"。

在1772年之后的几年中，法国化学家拉瓦锡在研究磷、硫以及一些金属燃烧后质量会增加而空气减少的问题，大量的实验事实使他对燃素说产生了极大怀疑。正在这时，普里斯特利来到巴黎，把他的实验情况告诉了拉瓦锡。拉瓦锡受到普里斯特利和舍勒的启发，做了一个很精细的实验。这个实验一连进行了二十天，被人们称为"二十天实验"。他在一个曲颈甑（瓶颈弯曲的瓶子）中装入水银。瓶颈通过水银槽，与一个钟形的玻璃罩相通，玻璃罩内是空气。拉瓦锡用炉子昼夜不停地加热曲颈甑中的水银，水银发亮的表面很快出现了红色的粉末，红色的粉末越来越多。拉瓦锡发现，到了第十二天，红色粉末不再增多了。拉瓦锡继续加热，一直到第二十天，红色粉末仍不增多，他这才结束了实验。拉瓦锡发现，实验结束时，钟罩里空气的体积，大约减少了1/5。他收集了红色的粉末，用高温加热。粉末分解了，重新释放出气体。拉瓦锡重新得到的气体，正好与原先钟罩中失去的气体体积相等。至于剩下来的气体，既不能帮助燃烧，也不能供呼吸用。拉瓦锡把那种占空气总体积1/5的气体，称为"氧气"。

舍勒塑像，表现他在进行物质在氧气中燃烧的实验Ⓦ

1775年4月，拉瓦锡向法国巴黎科学院提出了报告《金属在煅烧时与之相化合并增加其重量的物质的性质》，公布了氧的发现。他说这种气体几乎是同时被普里斯特利、舍勒和他自己发现的。

1774—1785年
发现氨气并确定其元素组成

氨气是一种无色、有独特刺激性气味、又极易溶解于水的气体。它存在于人畜排泄物及腐烂的尸体中。因此可以说，氨气一直就在我们身边，人人都闻到过这种刺鼻的气体——有时甚至还会被它薰得连眼睛都睁不开。但是，人类发现它，捕捉它，制取它和研究它，花了约100年的时间。

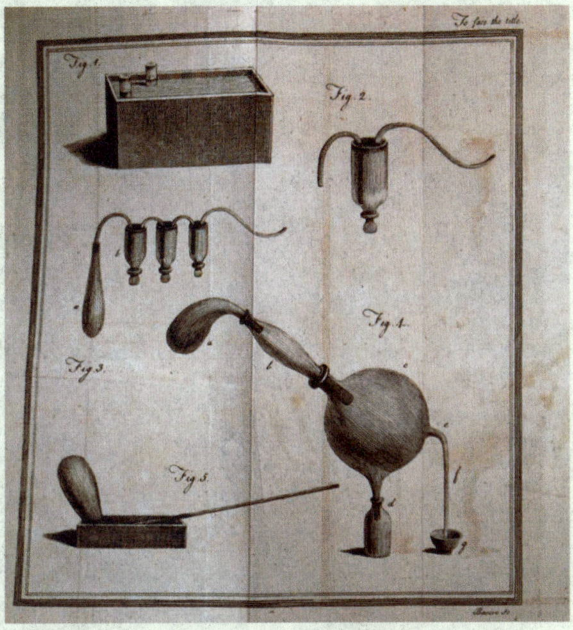
普里斯特利所用仪器Ⓟ

据记载，早在17世纪初，因发现二氧化碳而著名的海耳蒙特就曾制得过氨。后来，德国化学家格劳伯也曾采用人尿加石灰的方法制出过氨。

最先对氨气做出记录和描述的，据说是德国化学家孔克尔。他发现动物腐烂时会产生一种“看不到但很呛人”的气体，并对此作了记录。在孔克尔之后，又有一名化学家通过实验发现：把石灰和卤砂(氯化铵)混合放在曲颈甑中加热，会有臭味放出。

以上科学家其实只能算无意中遇到了氨气，真正意义上第一个在实验室里制取、发现和研究氨气的，当属英国化学家普里斯特利。

1774年，普里斯特利在加热氯化铵与消石灰的混合物时候发现了氨气。普里斯特利的气槽帮助他获得了氨气。由于氨气易溶于水，所以不能用排水法来收集，他借助自己设计的气槽，用排汞集气法首次得到了纯氨气。由于氨气产生于碱性物质，所以他把它称为“碱性空气”。随后他研究了氨气的性质。他用电火花分解氨气，得到了氢气和氮气，从而确定了氨气的元素组成，即氨气由氢和氮两种元素组成。但是他没有对氨气进行定量研究。

1785年，法国化学家贝托莱定量地确定了氨气的组成。氨气组成的确定为后来氨气的大规模制备奠定了基础。

1774—1824年
发现卤素

1774年，瑞典化学家舍勒将盐酸和黑锰矿混合加热，制得一种气体。它呈黄绿色，气味刺鼻，可溶于水，具有漂白作用。不过当时未能确定它是一种新元素的单质。其实这就是氯气。后来，法国化学家贝托莱研究了氯气的性质。但由于深受拉瓦锡"所有的酸中都含有氧基"这一断言的影响，他认为氯气是盐酸经二氧化锰氧化得来的，应该含有更多的氧，于是他将氯气称作"氧化盐酸"。就这样，他不仅不把氯气当作一种单质，反而认为它比盐酸具有更复杂的结构、更大的分子量。

戴维Ⓟ

1810年，英国化学家戴维在研究碲的化学性质时发现碲化氢是一种酸，但是它并不含有氧，这使他开始怀疑氧是否存在于所有的酸中。他通过大量的实验确定了无氧酸的存在后，又以无可辩驳的事实确认所谓的"氧化盐酸"决不是一种化合物，而是一种化学元素的单质，他将这种元素命名为氯，意为"绿色"。氯气自1774年被舍勒发现，到1810年被戴维确认为是一种元素的单质，其间经历了36年。

碘的发现应归功于法国化学家库图瓦。在法国第戎附近的诺曼底海岸上，许多浅滩生长的海生植物被潮水冲到岸边。退潮后，库图瓦常到海边采拾些藻类植物。他把这些藻类植物晒干后烧成灰，再加水浸取，过滤，得到的溶液被他称作"海藻盐

碘晶体Ⓞ

汁”。1811年，库图瓦想从“海藻盐汁”中提取氯化钠、氯化钾、硫酸盐等。他首先蒸发溶液，在较高的温度下，氯化钠的溶解度较小，最先结晶析出；其次是氯化钾和硫酸钾。但在灼烧藻类植物时，硫酸盐被碳还原产生了硫化物。为了除去这些硫化物，他加入了强氧化剂——浓硫酸。不一会儿，容器里冒出了有刺激性气味的紫色蒸气，宛如紫色的云彩冉冉上升。这一现象使库图瓦惊喜不已。最后，这种令人窒息的紫色蒸气竟然充满了实验室。当蒸气在冷的物体上凝结时，它并不变成液体，而是成为一种紫黑色的带有金属光泽的晶体，也即发生了凝华现象。他还发现该物质在高温下不分解，也不易和氧或碳反应，但能与氢和磷以及一些金属反应。由此，库图瓦推断该物质是一种新元素组成的单质。1814年，这一新元素被定名为碘，意思是“紫色”。

巴拉尔Ⓟ

溴发现于1824年。当时22岁的巴拉尔还是法国的一名学生，他在研究盐湖中植物的时候，将从大西洋和地中海沿岸采集到的黑角菜燃烧成灰，然后用浸泡的方法得到一种灰黑色的浸取液。他往浸取液中加入氯水和淀粉，溶液即分为两层：下层呈蓝色，可确认为碘；而红棕色的上层是何物还不得而知。巴拉尔认为无非有两种可能，要么是一种与氯形成的化合物，要么是由氯置换出的一种新元素组成的单质。如果是化合物，那这种物质应该可以被分解，随后他采用多种方法分解该物质，但都无功而返。由此，他断定这是一种与氯、碘性质相似的新元素组成的单质。1826年，巴拉尔将这种新元素命名为muride，含义是“盐水”。1826年8月14日，法国科学院审查了巴拉尔的新发现，并将这种新元素重命名为溴，其希腊文原意为“臭味”。

本来溴的发现还可以提早几年，德国化学家李比希曾将氯气通入海藻灰母液中得到一种红棕色液体，但由于太忙而没有仔细进行分析，草率地认为这红棕色液体是氯化碘，从而与溴的发现失之交臂。

1775年
贝格曼《论选择性吸引》出版

物质之间是如何进行反应的？构成物质的组分之间是如何相互作用的？为什么有些组分间特别容易结合？对这些问题的思考导致了化学亲和力概念的出现。亲和力理论几乎是联结全部化学的纽带，化学亲和力概念的诞生与发展过程也是化学思想不断发展与完善的过程。

在古希腊，恩培多克勒最早用“爱与憎”解释物质的化合及分解：原子相吸产生爱，相斥产生恨；相似物质之间有结合倾向，相异物质之间有分离倾向。亚里士多德认为，恩培多克勒所说的两种力——爱与憎（吸引与排斥），是一种力的两个不同方面。这些思想其实就是化学亲和力思想的萌芽。

马格努斯Ⓟ

13世纪，德国哲学家、炼金大师马格努斯在谈到相互化合的各部分间有一种力时，用“Affinity”（本意是姻亲关系）一词来表示“亲和力”，意即性质相似的物质有姻亲关系。他在《论矿物》中写道：“硫能使银变黑：一般说来，金属能燃烧就是由于硫对它们具有亲和性。”这其中包含了亲和力是化学变化原因的思想。

17世纪的德国化学家格劳伯，一直在忙于制备各种酸、碱和盐，并进行各种类型的置换反应。大量的物质转化的实验室工作让他产生归纳和解释的动力。他常问自己：为什么构成物质的各个元素会聚集在一起？为什么这些物质互相之间能够进行转化？为什么这些转化不是随机的，而有一定的规律？他感到在复杂的物质中一定有一种能使物质的各个部分聚集在一起的力，他想用这个力来解释酸、碱和盐的置换反应。在他的实验论文中，他用化学亲和力思想解释了卤砂同氧化锌加热的反应。

另一位17世纪的化学家玻意耳也用亲和力解释化合物各组分之间的结合和分离的原因：“倘若化合物中二元素成分之相互亲和力小于其中一成分与第四种物质之亲和力，此化合物即分解另生成第五种物质。”

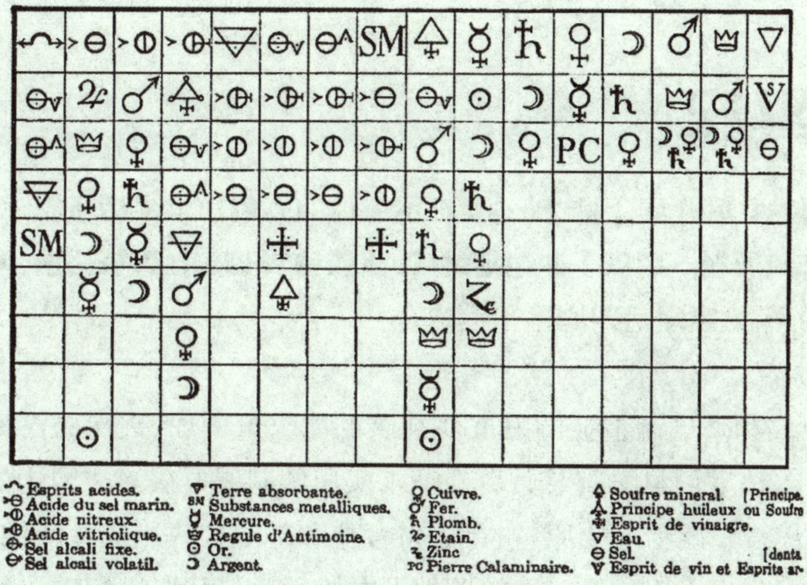

日夫鲁瓦亲和力表Ⓟ

1718年，法国化学家日夫鲁瓦公布了第一张亲和力表。在这张表中，他试图比较各种不同的酸和碱的亲和力。半个世纪以后，瑞典化学家贝格曼给日夫鲁瓦的亲和力表注明了反应条件，并增加了一些内容，使其更加完善。

贝格曼广泛地研究了酸和碱在它们的盐中相互置换能力的大小。他认为亲和力最大的物质能够把所有亲和力较小的物质从它们的化合物中置换出来。亲和力小的物质不能把亲和力大的物质从一种盐中置换出来。他用该理论解释了许多化学反应。例如，将苛性重土[$Ba(OH)_2$]加入到酒石矾(K_2SO_4)中，就生成了重晶石($BaSO_4$)，他解释该反应之所以发生，是因为硫酸对钡比对钾有更强的亲和力。他还用同样的方法得出了许多其他酸、碱化合物的相对亲和力。1775年，贝格曼《论选择性吸引》一书出版。书中有一些表，其中元素按参与反应时与其他元素化合的能力大小排列而成，这种能力也被认为是元素的亲合性。这些表成为参考标准，一直用到19世纪。

贝格曼Ⓟ

贝格曼所研究的化学亲和力问题具有重要的意义。他认为任何化学变化之所以发生，除受到参加反应各物质的量、溶解性和挥发度等因素影响外，最重要的决定因素是参与变化的各个物质元素之间的化学亲和力。亲和力源于互相作用的微粒之间的吸引力。对这种吸引力的思考是化学键概念形成的前奏。

1775年
纯碱工业兴起

制碱工业是最早的几种化学工业之一，其产品不仅为人们日常生活所需，而且还是其他化工生产的原料。制碱工业包括纯碱（碳酸钠）和烧碱（氢氧化钠）两大领域。纯碱工业始于18世纪后期的吕布兰法。

18世纪中叶，肥皂和玻璃制造业的发展使纯碱的需求量增加，天然碱已不能满足要求。1775年，法兰西科学院悬赏巨金征求实用的制碱方法。法国化学家吕布兰以食盐、石灰石和煤为主要原料，首先将食盐和硫酸加热制成硫酸钠，再将硫酸钠与石灰石和煤在950—1000℃的条件下共熔，制得粗制品黑灰，再经浸取、蒸发、结晶、煅烧等步骤而制得纯碱，此即生产纯碱的吕布兰法。吕布兰法是化学工业兴起的重要里程碑。但这一方法使用的原料和中间产品多为固体，难于实现连续生产。且得到的产品纯度低，原料消耗也大。

天津永利碱厂Ⓟ

1861年，比利时人索尔维发明了生产纯碱的索尔维法，又称氨碱法。这种方法以食盐、石灰石（经煅烧生成石灰和二氧化碳）和氨为原料。这些原料都容易得到，同时，氨碱法易于实现大规模连续生产，产品质量也比较好。因而氨碱法逐渐替代了吕布兰法。但是氨碱法也有不足之处，其盐利用率低，废液废渣多。

针对氨碱法的缺点，1943年，中国天津永利碱厂厂长兼总工程师侯德榜提出了侯氏联合制碱法。这一方法将纯碱生产和合成氨生产联合在一起，利用合成氨厂的氨和二氧化碳，仅加入食盐即可实现氯化铵和纯碱的生产。侯氏联合制碱法在生产1吨纯碱的同时，可副产1吨氯化铵，因此食盐利用率高达95%以上。侯氏联合制碱法此后完全取代索尔维法，成为生产纯碱的主要方法。

1777年 拉瓦锡提出氧化说

随着氧气的发现、空气之谜的揭开，燃烧的本质也被拉瓦锡揭示了出来。

从1772年至1777年的五年中，拉瓦锡做了大量的燃烧实验，例如：使磷、硫黄、木炭、钻石燃烧，将锡、铅、铁煅烧而增重，将氧化铅、红色氧化汞和硝酸钾加强热使之分解，以及使许多有机化合物燃烧等，并且对燃烧以后所产生和剩余的气体也一一加以研究。经过对这些实验结果进行综合归纳和分析，他认为可燃物质的燃烧或金属变为煅灰并不是分解反应，而是与氧的化合反应，根本不存在什么燃素。燃烧反应实质不是“物质−燃素=煅灰”，而是“物质+氧=煅灰(氧化物)”。拉瓦锡于1777年向法兰西科学院提交了一篇名为《燃烧概论》的报告，正式提出了革命性的关于燃烧本质的氧化说。拉瓦锡的氧化说认为：物体燃烧时放出光和热；物体只有在氧存在时才能燃烧；空气是由两种成分组成，物质在空气里燃烧时，吸收了其中的氧，因而增重，所增加之重恰为其所吸收的氧气之重；一般的可燃物质(非金属)燃烧后通常变为酸，氧是酸的本原，一切酸中都含有氧元素；金属煅烧后即变为煅灰，这些煅灰是金属的氧化物。

拉瓦锡Ⓟ

拉瓦锡提出的氧化说，彻底否定了在燃烧理论中一直根深蒂固的燃素说，坚定地认为燃烧不是分解反应，而是可燃物与氧的化合反应，将长期“倒立”的化学正立了过来，具有划时代的意义。要知道，即便是与拉瓦锡同为氧气发现者的著名化学家舍勒和普里斯特利，依然对燃素说深信不疑。从燃素说到氧化说，这场革命不仅是对燃烧理论的变革，而且是对化学基本概念和基本方法的变革，拉瓦锡以他系统、严格、定量的实验方法和缜密的逻辑推理方法(主要是归纳法和公理化方法)对化学方法的发展作出了重大贡献。

1777年
拉瓦锡验证化学反应中的质量守恒定律

杜邦公司创始人杜邦(右)在拉瓦锡实验室当学徒 Ⓟ

拉瓦锡对化学的另一个贡献便是从实验的角度验证并总结了化学反应中的质量守恒定律。早在拉瓦锡出生之时，多才多艺的俄国科学家罗蒙诺索夫就提出了质量守恒定律，他当时称之为"物质不灭定律"，其中含有更多的哲学意蕴。但由于"物质不灭定律"缺乏充足的实验根据，所以没有得到广泛的传播。

1777年，拉瓦锡在完成《燃烧概论》后又对金属的化学反应进行了很精确的定量研究。拉瓦锡在一个氧化汞合成与分解的实验中，将质量为45份重的氧化汞加热分解后，恰恰得到质量为41.5份重的金属汞和质量为3.5份重的氧。这样他便以精确的实验证明物质虽然在一系列化学反应中改变了状态，但参与化学反应的物质的总质量在反应之始和反应之终是相同的。也就是说，拉瓦锡用精确的实验证明了化学反应中的质量守恒定律。为了表明守恒的思想，拉瓦锡用等号而不是箭头来表示化学变化过程。例如糖转变为酒精的发酵过程表示为等式：

葡萄糖 = 二氧化碳+酒精

这正是现代化学方程式的雏形。为了进一步阐明这种表达方式的深刻含义，拉瓦锡又提出，可将上述反应中参加发酵的物质和发酵后的生成物列成一个代数式，再假定方程式中的某一项是未知数，然后通过实验，算出它们的值。这样，就可以用计算来检验实验，再用实验来验证计算。

拉瓦锡在化学研究中的以量求质的研究方法，使化学研究从单纯研究物质性质发展到了一个更高的层次。化学定量实验既是拉瓦锡进行化学革命能够取得成功的一个重要因素，也是推进化学发展的一个重要的科学方法。

1781年
卡文迪什测定水的组成

如今，读过初中的人都知道水的化学式是H_2O，水是由氢元素和氧元素组成的化合物。但是，在1781年之前，科学家却认为水是一种单质，是组成宇宙万物的基本元素之一。科学家是怎样改变他们的想法，最终确定水是一种由氢和氧两种元素构成的化合物的呢？

1766年，英国化学家卡文迪什通过金属与酸的反应得到了氢气，发现了元素周期表上的一号元素氢。1781年，普里斯特利正在研究氧气的性质，他试着将卡文迪什发现的氢气通入一个含有氧气的密闭玻璃瓶中，用电火花引燃。反应产生了震耳欲聋的爆鸣声，瓶壁上还有露珠生成。这个激烈的反应让人印象深刻，就像个魔术。尽管普里斯特利多次向朋友们表演这个“魔术”，但对其中化学原理的探索，他却毫无头绪。

卡文迪什了解到这一情况以后，设计了非常精确的定量实验来研究氢气的爆燃现象。他用不同比例的氢气和空气的混合物进行爆鸣实验，发现当氢气和普通空气混合进行燃烧时，全部的氢气会和1/5的普通空气反应生成露珠。根据生成的露珠的物理性质，他确定它就是水。如果用氧气代替空气进行实验，同样会生成水。他进一步用实验证明：氢气和氧气化合生成水时所需体积比为2.02∶1。由此，卡文迪什用实验证明了水是由氢气和氧气化合而成的化合物，不是单质。

卡文迪什Ⓟ

虽然卡文迪什的实验在1781年就得到了结果，但是精益求精的他，又做了3年的改进实验，直到1784年才将这一结果写成论文《关于空气的实验》，在英国皇家学会宣读并发表。由于卡文迪什在化学领域作出了许多杰出的贡献，他被人们称为“化学中的牛顿”。

1781年
拉瓦锡初步建立碳、氢元素分析法

绝大多数有机化合物中含有碳、氢元素，而要确定有机化合物的组成和结构，这些元素的含量是必须的基本数据。对这些数据进行测定和计算，正是有机分析的重要内容。

有机分析作为一门学科出现于19世纪初，在近代化学史上功绩卓著的拉瓦锡对有机分析作出了奠基性贡献。1781年，他把燃烧理论用在了有机化合物的分析上。在分析了大量有机物后，他发现有机物燃烧后都生成了二氧化碳和水，据此初步建立了碳、氢元素的定量分析方法。他把要分析的物质放在钟罩中(钟罩中的空气里添加了氧气)，通过浮在水银面上的小灯燃烧来使有机物燃烧完全，然后用钾碱溶液吸收生成的二氧化碳，称量反应所生成的二氧化碳和水的质量。根据这些质量数据就可以换算出有机化合物中碳、氢元素的百分含量。

但是这样做也存在着很多问题。例如在进行油燃烧的实验时，由于实验中的困难太多，且反应物很难燃烧完全，拉瓦锡始终无法对产物的量做严格的测定，所以有机物定量分析结果还比较粗糙。后来，盖-吕萨克、贝采里乌斯、李比希在拉瓦锡工作的基础上，逐渐建立并完善了沿用至今的有机物中碳、氢元素的定量测定方法。其基本原理是让有机物在氧气流中或与氯酸钾等强氧化剂一起受强热，完全燃烧后，碳、氢元素分别被氧化为二氧化碳和水，然后用无水高氯酸镁吸收水，用烧碱石棉吸收二氧化碳，最后根据吸收剂增加的质量分别计算碳和氢的含量。

拉瓦锡塑像©

1787年
拉瓦锡等完成《化学命名法》

18世纪的化学家们已经不满足于只做实验，他们需要交流，需要描述他们的实验和化学思想，以便与同行分享。他们盼望有一种通用语言系统，这个系统能够让所有化学家——不论他们的背景或者民族是什么，不论他们使用怎样的日常交流语言——都能互相交流。化学家们为此做了许多努力，但在拉瓦锡之前，这种努力并未奏效。

语言的建立和革新在一门学科的发展中起着十分重要的作用。这是一种极具创造力的工作，需要一个具有极强逻辑思维和系统理念、对这种建立和革新有迫切需要的人。拉瓦锡便是这样一个人物。当时，拉瓦锡在撰写他的《化学纲要》，他想将他所有有价值的实验和他的新理论以一种让尽可能多的人都能看懂的方式描述出来。在撰写过程中，这种想法困扰着他，使他深感化学语言的重要性；这种想法也激励着他去探索一条新的表述之道。拉瓦锡所受的良好教育造就了他的缜密的逻辑思维和系统观念，而这些特质帮助他构建出了新的语言体系。

法国画家大卫的名作《拉瓦锡及夫人》Ⓦ

在炼金术时期，许多物质的名称都是偶然制定的，并且不同的人有不同的叫法，人们常常按照传统给新物质随便起名。这些命名物质的方法是零散的、没有系统的、混乱的。为了扭转这个局面，拉瓦锡和法国化学家莫尔沃、贝托莱、富尔克鲁瓦联手做了关于化学语言的项目。

拉瓦锡和他的同伴用他们的智慧创立了新的化学语言系统，改变了人们原先对化学物质的多种描述方法，使之统一在同一个准则上。1787年，拉瓦锡与

拉瓦锡的实验室，收藏于法国工艺博物馆Ⓞ

他的合作者出版了《化学命名法》，提出以科学原理为基础的化学物质命名系统。在这个系统中，化合物不再以产地名或俗名作为名称，而是以其组成元素来命名。例如三仙丹改称氧化汞，石膏改称硫酸钙，食盐改称氯化钠。这样，化合物之间的可能反应就一目了然。拉瓦锡的命名系统既具有逻辑性又具有系统性，成为描述化学物质的公认方法。这个拉丁文系统简便可行，促进了不同背景的化学家之间的交流，并且沿用至今。例如，该系统用后缀的变化来区分盐类和亚盐类物质，如硫酸盐和亚硫酸盐分别以 sulfate 和 sulfite 为名，变化的只是后缀。

拉瓦锡对化学有许多贡献，但这个贡献或许是他延续最久的伟大贡献，因为至今这套语言体系还被广泛使用。是它呈现了纷繁多变的化学世界，是它准确表达了化学家们的思想。

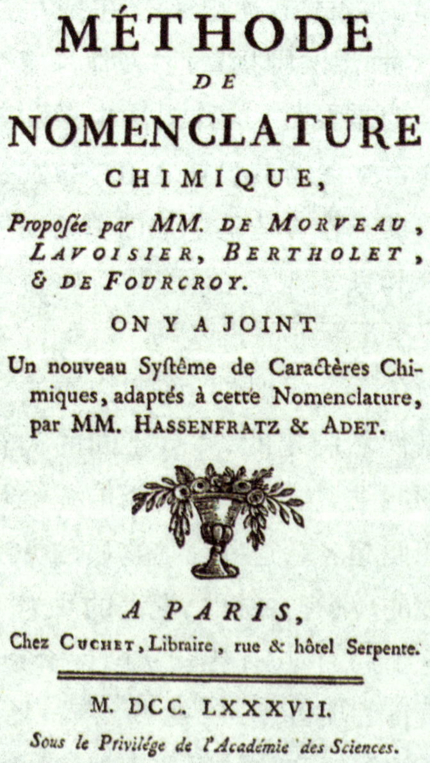

MÉTHODE
DE
NOMENCLATURE
CHIMIQUE,

Proposée par MM. de Morveau, Lavoisier, Bertholet, & de Fourcroy.

ON Y A JOINT

Un nouveau Système de Caractères Chimiques, adaptés à cette Nomenclature, par MM. Hassenfratz & Adet.

A PARIS,

Chez Cuchet, Libraire, rue & hôtel Serpente.

M. DCC. LXXXVII.

Sous le Privilége de l'Académie des Sciences.

《化学命名法》内封Ⓟ

1789年
拉瓦锡揭示呼吸作用的本质

1774年10月，普里斯特利向拉瓦锡介绍了自己的实验：氧化汞加热时，可得到一种气体，它能够使蜡烛燃烧得更明亮，还能帮助呼吸。当时，舍勒、普里斯特利、拉瓦锡和英国化学家梅奥都觉察到燃烧和呼吸极其相似。

1782—1783年期间，拉瓦锡和法国科学家拉普拉斯合作，开始了动物的呼吸作用的研究。为了验证这种相似，他们两人首先设计了一种热量的测量器——冰量热计，它是通过吸放热过程中冰体积的变化而间接得到热量值的一种设备。有了它，他们就可以测量动物呼吸所发生的热量变化了。他们首先用豚鼠做实验：将豚鼠放在一个密闭的容器中，用冰量热计测定豚鼠通过呼吸作用所产生的热量。实验结果表明豚鼠在呼吸过程中确实有热量产生，且豚鼠呼出的二氧化碳的量和将足量的碳放入相同密闭容器中燃烧后所得的二氧化碳的量是相同的。

为了进一步证明人类的呼吸作用，拉瓦锡于1789年做了著名的呼吸实验，见下图。图中他的实验合作者通过固定在面具上的导管从瓶中吸入氧气，呼出的气体进入立在槽中的另一个瓶内，拉瓦锡夫人坐在桌边进行实验记录。拉瓦锡在他与拉普拉斯合作的论文（1789年、1793年发表）中，详细描述了呼吸实验，以及实验中测得的消耗的氧气的量和产生的水、二氧化碳的量。通过实验，拉瓦锡认为吸入肺中的氧气氧化血液中的含碳物质，产生二氧化碳，随后由肺部呼出。动物体热就是这个氧化的化学过程的结果。从化学的观点看，物质燃烧和动物的呼吸同属于空气中氧所参与的氧化作用。

拉瓦锡对呼吸作用本质的研究，有力地促进了对动物呼吸代谢的研究。

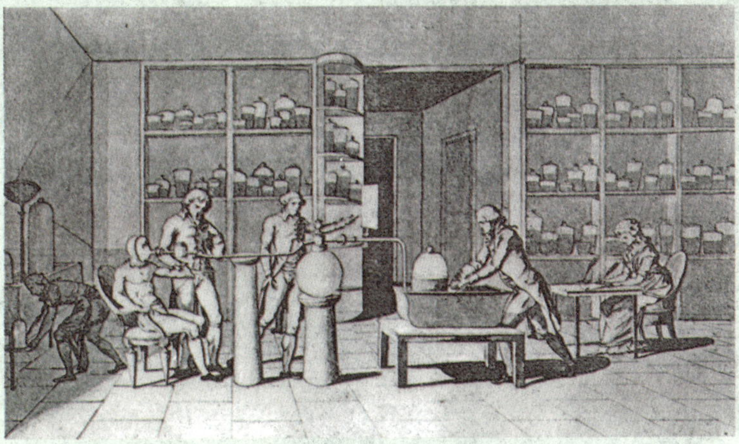

拉瓦锡呼吸实验Ⓦ

1789年

拉瓦锡《化学纲要》出版

1789年，拉瓦锡出版了他的倾心之作《化学纲要》，使18世纪相当混乱的化学思想得到了澄清与统一。该书在法国出版一年后，便由克尔翻译成英语，成为许多欧洲国家的化学教科书。《化学纲要》是第一本近代化学的教科书，对近代化学的初期影响力深远。该书由三部分组成。第一部分展示了拉瓦锡的化学新理念，包括他对质量守恒定律所进行的基于实验证据的解说、关于燃烧本质的理论和实验，以及关于元素的概念和化学元素的列表等；第二部分详细地讨论了酸和碱生成盐的反应；第三部分详细地描写了他的化学实验仪器和操作。

《化学纲要》是拉瓦锡前期实验工作和理论的总结，展示了他对化学学科发展所作的贡献。拉瓦锡的第一个贡献是对质量守恒定律的验证。拉瓦锡在《化学纲要》中总结了他的实验，他写道："在所有操作中，其前后存在着等量的物质。"他用简单的实验，定量地证明了这条早期由俄罗斯科学家罗蒙诺索夫提出的带有哲学含义的质量守恒定律。对于拉瓦锡来说，称量不仅证明了他在实验和思维中持质量守恒的思想，而且也反映了他的实验方法的一大特点，即精确定量和条理清晰。他的这种方法不仅使他本人在化学领域建树频繁，而且也使化学快速发展起来。

拉瓦锡对化学的第二个贡献是他对燃烧本质的研究。在1777年发表的《燃烧概论》一文中，拉瓦锡已对燃烧现象进行了探讨。在《化学纲要》中，拉瓦锡进一步认为，燃烧的本质是物质与空气中的氧气发生了化学反应；物质在燃烧过程中的增重恰好等于空气

拉瓦锡塑像（法国雕塑家达卢作品）⓪

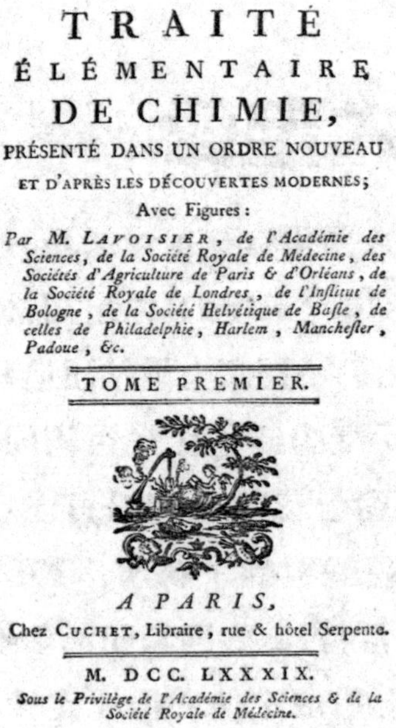
TRAITÉ
ÉLÉMENTAIRE
DE CHIMIE,
PRÉSENTÉ DANS UN ORDRE NOUVEAU
ET D'APRÈS LES DÉCOUVERTES MODERNES;
Avec Figures :
Par M. LAVOISIER, de l'Académie des Sciences, de la Société Royale de Médecine, des Sociétés d'Agriculture de Paris & d'Orléans, de la Société Royale de Londres, de l'Institut de Bologne, de la Société Helvétique de Basle, de celles de Philadelphie, Harlem, Manchester, Padoue, &c.
TOME PREMIER.
A PARIS,
Chez CUCHET, Libraire, rue & hôtel Serpente.
M. DCC. LXXXIX.
Sous le Privilège de l'Académie des Sciences & de la Société Royale de Médecine.

《化学纲要》内封Ⓟ

中氧气的失去量。拉瓦锡的这一发现推翻了燃素学说,使化学摆脱与古代炼丹术的联系,摆脱神秘,取而代之的是科学实验和定量研究。

拉瓦锡对化学的第三个贡献是否定了古希腊哲学家的四元素说和三要素说,建立了基于科学实验的化学元素的概念,并随之创立了化学物质分类新体系。拉瓦锡在《化学纲要》中对元素的概念是这样表述的:“如果元素表示构成物质的最简单组分,那么目前我们可能难以判断什么是元素;如果相反,我们把元素与目前化学分析最后达到的极限概念联系起来,那么,我们现在用任何方法都不能再加以分解的一切物质,对我们来说,就算是元素了。”在《化学纲要》里,拉瓦锡列出了第一张由33个元素构成的元素一览表。

拉瓦锡的伟大之处在于他给化学理论体系和化学语言体系带来的新范式。这种范式带来了化学学科的革命。拉瓦锡所提出的新观念、新理论、新思想,为近代化学的发展奠定了重要基础,因而后人称拉瓦锡为“近代化学之父”。

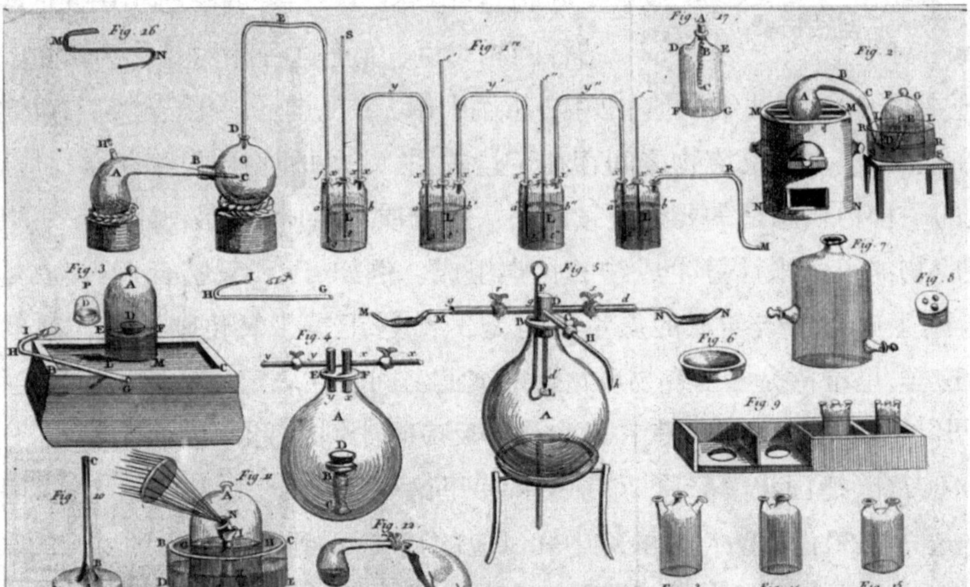

拉瓦锡的实验仪器Ⓟ

1791—1803年
里希特等提出近代化学三大定律

化合物的定量分析最早可回溯到17世纪，但真正发现化合物定量关系，并提出指导定量分析的定律，是从18世纪末开始的。18世纪末至19世纪初，化学家们最关心的是纯化合物的结构和亲和力的性质。人们不遗余力地钻研这些问题：组成物质的各种元素的质量比是否相同？元素间可否无限制地组合？化合物有没有固定的组成？很快，这些问题就得到了解决。1791年、1799年、1803年，里希特、普鲁斯特和道尔顿分别提出了定比定律、定组成定律和倍比定律。这三大定律明确了化合物各有自己的数量特征，也为化学家们提出了一套表示化学关系的简便方法。

里希特Ⓦ

首先解决的问题是"组成物质的元素是否按照一定的组成结合"。德国化学家里希特应用质量守恒定律研究了一系列化合物中的元素相互结合的相对量，他把这种相对量称为当量。1791年，他在《化学计算法纲要》一书中，明确提出以下观点：(1)化合物都有确定的组成；在化学反应中，反应物之间存在定量关系。(2)两种物质发生化学反应时，一定量的一种物质总是需要确定量的另一种物质，这种性质是恒定的。可以根据各反应物的组成来计算生成物的化学组成。例如，碳和氧结合，若其质量比是3∶8，则生成物中碳与氧的质量比也是3∶8，这正是二氧化碳中碳与氧的质量比。这样，里希特提出了各物质化合时彼此之间存在着定质量比的当量定律，同时提出了组成化合物的元素在发生化学反应时比例不变的定比定律。

1802年，德国化学家恩斯特·戈特弗里德·费歇尔把里希特的当量关系加以发展，选择1000份硫酸作为酸碱中和反应的基准，得到了酸碱中和反应的第一张当量(所需的不同碱的份数)表，为道尔顿论证原子的性质奠定了基础。

接下来解决的问题是一种化合物的组成是否确定。法国化学家普鲁斯特研究了碱式碳酸铜、两种锡的化合物和两种硫化铁，用实验数据表明这些物质都有确定的组成，组成物质的各种元素的质量比是恒定的，不存在连续的中间状态。1797年，他递交了这份实验研究论文，陈述了他的定组成定律，即一种化合物不论是天然存在的还是人工合成的，也不论是用哪种方法制备的，它的化学组成总是确定的。普鲁斯特在论文中说："我们必须承认，化合物生成时，有一只不可见的手掌握着天平。化合物就是造物主指定了固定比例的物质。简言之，造物主除非有天平在手称重并量度，否则就不能创造化合物这种东西。"1799年，他的论文公开发表。但是，该定律在当时并没有得到广泛的接受，直到英国化学家道尔顿根据这些事实提出了原子论，定组成定律才得到化学家的普遍承认。

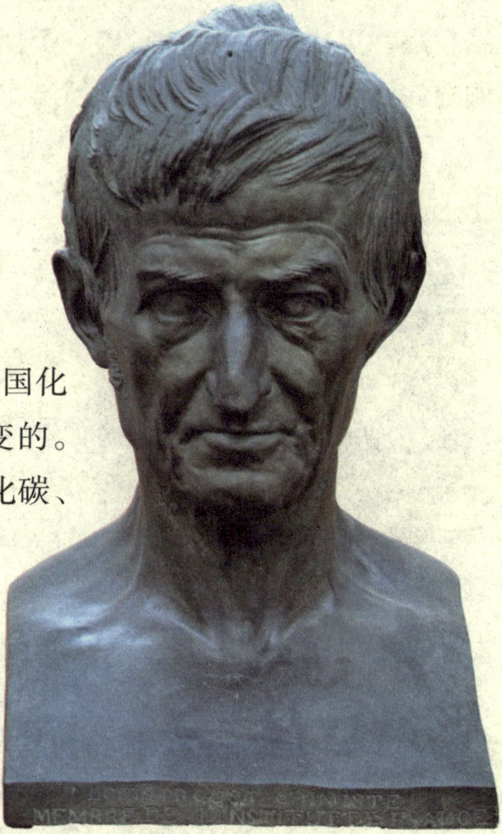

普鲁斯特塑像⑩

第三个解决的问题是"化合物的组成是连续的还是有固定比例的"。这个问题困扰了化学界很久。能否正确回答这个问题，直接关系到原子论能否确立。当时，法国化学家贝托莱认为化合物的组成是连续可变的。而道尔顿在思考原子学说时，通过对一氧化碳、二氧化碳、甲烷和乙烯的组成进行分析，提出了倍比定律，并于1803年在曼彻斯特发表了该定律：如果A、B两种元素能够相互化合形成几种不同的化合物，将A元素的质量固定，则在这些化合物中B元素的质量互成简单的整数比。例如，碳和氧可以生成一氧化碳和二氧化碳两种化合物。在一氧化碳中，碳与氧的质量比为3∶4；在二氧化碳中，碳与氧的质量比为3∶8。由此可见，在这两种碳的氧化物中，与等量碳化合的氧的质量比为1∶2，是一个简单的整数比。倍比定律揭示了化合物中不同元素间的简单数量关系，为科学原子论的建立打下了第一块重要的基石。

以上这三大关于物质组成和结构的定律是分析化学的基本原理，是近代化学的三大基本定律。它们的发现加快了化学成为一门真正科学的速度，在化学发展史上有着重要的意义。

1799年
贝托莱提出化学反应可达成平衡的思想

1798年，贝托莱随拿破仑远征埃及，他发现当地盐湖沿岸有一些碳酸钠结晶，便猜想这是湖水与岩石作用的产物。他认为，可能是湖水中盐的主要成分氯化钠与岩石的主要成分碳酸钙反应生成了碳酸钠。但是按照当时对化学反应的认识，应该是碳酸钠与氯化钙作用生成氯化钠和碳酸钙，怎么会产生与此相反的结果呢？贝托莱据此推断：当一个化学反应的产物过量时，反应也可能沿逆反应的方向发生。

贝托莱Ⓟ

1799年，贝托莱在开罗学院的学术会议上宣读了题为《亲和力定律的研究》的论文，提出化学反应可达成平衡这一创新性想法。他指出，化学反应的发生不仅与亲和力有关，还与反应中各种物质的质量和产物的性质有关；此外，在反应发生的过程中，反应速度有随反应物减少而变慢的趋势。

1803年，贝托莱在其著作《化学静力学评论》中更加全面地指出了化学反应中的“质量效应”：首先，他发现化学反应可以达到平衡状态，在这种状态下，存在着产物变成反应物的趋势；其次，他看到反应物和产物的质量（浓度）都会对反应产生影响，产物过量可以使反应向相反方向进行；最后，他提出物质的挥发性和溶解度等影响物质浓度的性质对反应会产生影响。因此，贝托莱认为一些化学反应是可逆的。贝托莱的发现为半世纪后化学反应平衡移动原理的发现奠定了基础。

贝托莱塑像Ⓨ

1806年 贝采里乌斯引入“有机化学”概念

分辨有机物和无机物，对现在的人来说已经不是问题了。但到18世纪末，人们对此还是不清楚的。当时，生物界流行活力论，该理论认为生命拥有一种神奇的力量，这种力量被称为生命力、生命能量或“活力”，甚至有些人称其为灵魂。这种力量是非物质的，因此生命无法完全以物理或化学方式来解释。活力论还认为有机物绝对不可能由无机物来合成，组成动植物组织的物质只有在生命活动过程里才能形成。在活力论思想的指引下，关于有机物的研究在很长一段时间内，总带有某种神秘色彩。

贝采里乌斯Ⓟ

19世纪初，瑞典化学家贝采里乌斯试图冲破无机物和有机物的界限，他花费整整15年的时间，努力用无机物来合成有机物，结果失败了。于是，他接受了活力论，认为依据化学物质是否来源于有生命的组织，可将其分为无机物和有机物两类。由于有机物中含有生命力，无机化学的一些定律并不都适合于有机化学。有机物只能在生物的细胞中受一种特殊力量的作用才会产生，人工合成是不可能的。

维勒Ⓟ

1806年，作为医生兼化学家的贝采里乌斯出版了一本教学用书。该书概述了那个年代与动物研究有关的化学知识，其中还包含了大量关于动物组织和体液分析的结果。贝采里乌斯首次从生理学和化学两个角度出发，对化学组分以及动物体内发生的化学反应过程进行了阐述。在该书中，为了描述那些非无机化学范畴的内容，他提出了“有机化学”这个概念，并将它视作生理学的一部分，是描述生命体的组成以及生命体中所发生的化学过程的学问。至此，人们还是认为有机物是不能由无机物合成出来的。

有机物与无机物之间的天然鸿沟由德国化学家维勒最先破除。1823年，他从动物尿和人尿中分离出了尿素，并研究了它的化学性质。这项成果使他获得了海德堡大学的博士学位。随后，他在贝采里乌斯的实验室里做了一年研究工作。之后，他回到故乡法兰克福，继续从事他感兴趣的氰化物的研究。有一次，他用氰气和氨水发生反应，得到了两种生成物。其中一种是草酸，另一种是某种白色晶体，他发现该晶体并不是预料中的氰酸氨。进一步分析表明，它竟然和他之前分离出的尿素是同一种物质，这使他大吃一惊。因为按照当时流行的活力论，尿素这种有机物含有某种生命力，是不可能在实验室里人工合成出来的。所以这一重要的发现未被贝采里乌斯和其他化学家承认，当时维勒本人也持怀疑态度。接着，维勒带着疑问继续研究。维勒在进一步的研究中发现，可以用多种方法合成出尿素。在获得了确凿的证据后，维勒在1828年很有把握地发表了《论尿素的人工合成》一文，公布了他的重大成果。

维勒的工作极大鼓舞了化学家们。他们纷纷开始在实验室里开展从无机物合成有机物的实验。大量关于有机化学的实验使人们对有机物的化学性质有了越来越多的认识。随着有机物合成方法的不断涌现和改进，越来越多的有机化合物在实验室中被合成出来，其中，绝大部分是在与生物体内迥然不同的条件下被合成出来的。1845年，法国有机化学家柯尔柏合成了醋酸；1854年，法国化学家、科学史家贝特洛合成了油脂……活力论终于被彻底否定。从此，有机化学进入合成时代。

维勒塑像①

1807年 戴维提取钾和钠等金属

英国化学家戴维生于1778年。17岁那年，由于父亲去世，他不得不去给一个药剂师当学徒，并准备从医。1797年，他得到了拉瓦锡的《化学纲要》一书。受该书的启发，他用外科医生的简单仪器开始了化学实验和研究。

戴维Ⓟ

19世纪初期的化学家认为苛性碱是不能再分解的单质。受拉瓦锡的影响，戴维对此持否定态度。他设想苛性钾（氢氧化钾）和苛性钠（氢氧化钠）可能不是单质。既然不是单质，就一定有某种力将各个组成元素结合在一起。如果破坏这种力，就可能得到单质。

1806年，戴维在英国皇家学会上做了《论由电产生的化学作用》的演讲。在该演讲中，戴维说："如果化学结合有如我曾大胆设想的那种特性，不管物质的元素的天然电力有多强，总不能没有了限度，可是我们人造的仪器的力量似乎能够无限地增大。"所以他进一步认为应该寻找"新的分解方法使我们能够发现物质的真正的元素"。

当知道意大利物理学家伏打发明的电堆能轻易分解水和一些盐而析出单质时，戴维就想：有许多被认为是单质的物质，也许有些经不起电流的作用，被分解而得到单质，从而证明它们是化合物。1807年，戴维证明了他的想法是对的，他利用伏打电堆制得了金属钾单质。

伏打电堆Ⓞ

戴维最先电解的是苛性钾的水溶液。他将苛性钾用水溶解，置于电解容器中，接上电源后，发现电流只分解了溶液里面的水，苛性钾没有发生任何变化。后来，戴维改用熔融的苛性钾来做实验，当接通电流以后，熔融的苛性钾里面立即有了明显的变化：有一些极小的珠子滚落出来，这些小珠子闪着金属的光泽，来回滚动，很像水银的珠子，但是它们的性质却和水银大不相同。有的小珠子刚一滚出来，就立即"啪"的一声裂开，发出美丽的淡紫色火焰，然后消失得无影无踪。有的虽然没有燃烧起来，但是表面立即变暗，好像蒙上了一层灰暗的膜，刮掉这层膜，里面光亮的部分很快又变灰暗了。

戴维认定自己电解得到的这种银白色小珠子是一种新的金属。由于这种金属是从苛性钾(potash)里电解出来的，他把这种元素命名为"钾"(potassium)。钾的性质太活泼，戴维无论把它放在哪里，总能引起火光或者爆炸。这么不安分的金属，哪里才能使它安静下来呢？后来，科学家发现，在纯净的煤油里面，钾很安静。

在得到金属钾之后，戴维再接再厉，从苛性钠中制得了金属钠，从石灰(氢氧化钙)里制得了金属钙，从菱苦土(碳酸镁)里制得了金属镁，从锶矿石(氢氧化锶)里制得了金属锶，还从重晶石(硫酸钡)里制得了金属钡。这些金属无一例外都很活泼，只有依靠电流的强大作用才能将它们从化合物中提取出来。凭借伏打电堆这一强大的武器，戴维将这么多活泼金属"一网打尽"，堪称无机化学史上的"经典战役"。

表现戴维(中)进行实验的漫画Ⓟ

1808—1827年
道尔顿《化学哲学新体系》出版

1808年，英国化学家道尔顿出版了他的代表作《化学哲学新体系》。该书是近代化学史上的一部经典学术著作，它的出版标志着科学原子论的建立。

道尔顿在科学研究方法上既重视观察实验，又擅长理论思维，具有把实验的积累、丰富的想象和新颖的理论构思相结合的特点。他正是凭借这一特点，从观测气象开始，进而研究空气的组成、性质和混合气体的扩散，总结出气体分压定律，推论出空气是由不同种类、不同质量的微粒混合构成，基本确认了原子的客观存在。再由此出发，通过化学实验测得原子的相对质量，从气象学、物理学转入化学领域，将原子概念与理论从定性阶段发展到定量阶段，并经严格的逻辑推导逐步建立起了科学的原子论体系。

道尔顿Ⓦ

道尔顿在研究气体时提出了这样的问题："为什么复合的大气、两种或更多种弹性流体（即指气体和蒸汽）的混合物，竟能在外观上构成一种均匀体，在所有力学关系上都同简单的大气一样？"为了解开混合气体的组成和性质之谜，道尔顿日益重视气体和气体混合的研究，并指出：各地的大气都是由氧、氮、二氧化碳和水蒸气四种主要成分的无数微粒或称终极质点混合而成的。那么，混合又是怎样发生的？又有什么特性呢？研究后他又指出：气体混合的形成是因为气体彼此扩散的缘故，对于处于同一容器的混合气体，每种气体的压强是不变的，这说明一种气体在容器里存在的状态与其他气体的存在无关，这只能用气体的微粒结构加以解释，而且既简单又明了。他由此推论："物质的微粒结构即终极质点的存在是不容怀疑的。这些质点可能太小，即使显微镜改进后也未必能看见。"同时，他选择了古希腊哲学中的"原子"一词来称呼这种微粒，为化学真正走上定量发展阶段奠定了基础。此后，他测定了不同原子的相对原子质量，并将这个概念引入化学，把在化学实验基础上发现的全部规律和认为物质是由原子构成的观念联系起来，并从物质结构的深度去揭示化学运动规律性的本质。如果

表现道尔顿在沼泽中收集气体的绘画作品Ⓦ

没有科学原子论，化学将仍旧是一堆杂乱无章的观察材料和实验的配料记录。道尔顿原子论使化学从手记材料走上整理资料的道路，为化学开辟了一个新时代。

《化学哲学新体系》分为两卷。第二卷的第二部分本拟包含较为复杂的化合物，诸如盐类、酸类，以及植物领域里的其他化合物，但道尔顿认为收集到的数据和资料还不足以可信地阐述这些内容，治学严谨的他放弃了这个计划。

该书第一卷的第一部分于1808年问世，着重论述物质的构造，阐明了科学原子论观点及其由来，包含了"论热和热质"、"论物体的构造"和"论化学的结合"等三章。第一卷第二部分出版于1810年，包含了"论基本元素"和"二元素化合物"两章。道尔顿结合丰富的化学实验事实，运用他提出的原子理论阐述化学元素（氧、氢、氮、碳、硫、磷和一些金属元素）的性质，阐述二元素化合物（氧和氢分别与氮、碳、硫、磷，以及它们之间互相组成的化合物）的性质。第二卷第一部分于1827年出版，重点论述金属的氧化物、硫化物、磷化物以及合金等物质的性质的规律性，对原子论思想进行进一步的阐述。在系统论述以上内容的过程中，道尔顿除介绍自己的实验和理论成果外，还引证同时代许多化学家的大量实验资料，进行分析比较，并对他们的见解作出评述，这对人们了解当时化学进展状况和化学家的科学研究方法的特点及其演变，都有重要的参考价值。

《化学哲学新体系》包含了道尔顿的原子论思想和他的主要成果。他赋予不同元素的原子以固定的且各不相同的质量，使古希腊哲学家的抽象原子概念成为现实的、有用的假说。恩格斯对道尔顿的化学成就给予了高度评价，他写道"化学的新时代是随着原子论开始的。"

1811年 阿伏伽德罗提出分子学说

19世纪初，法国化学家盖-吕萨克在研究各种气体在化学反应中体积变化的关系时发现，参加同一反应的各种气体在同温、同压下，其体积成简单的整数比，而且气态反应物与产物的体积比也是简单的整数比，这就是气体反应体积简比定律。当时，盖-吕萨克十分赞赏道尔顿的原子论，于是很自然地将自己的化学实验结果与原子论相联系。他发现，原子论认为化学反应中各种原子以简单数目相结合的观点，可以通过自己的实验得到支持。盖-吕萨克也自认为自己的理论是对道尔顿原子论的支持和发展，并为之兴奋不已。

阿伏伽德罗Ⓟ

1809年，盖-吕萨克发表了他的气体反应体积简比定律。谁知道尔顿得知后，竟然立即公开表示反对。因为在道尔顿看来，不同元素的原子大小不会一样，其质量也不一样，因而相同体积的不同气体不可能含有相同数目的原子。而且，道尔顿认为，当氧气和氢气化合时，1体积氧气+2体积氢气=2体积水蒸气，而按照盖-吕萨克的气体反应体积简比定律，上式相当于：1个氧原子+2个氢原子=2个水原子；于是每个氧原子被分成了两半，分别进入一个“水原子”中。但原子不能再分，半个原子是不存在的，这是当时原子论的一个基本要点。为此，道尔顿坚决反对盖-吕萨克的假说。而盖-吕萨克认为自己的实验是精确的，不接受道尔顿的指责，于是双方展开了争论。

当道尔顿和盖-吕萨克因原子论和气体反应体积简比定律争论得不可开交的时候，1811年，意大利化学家阿伏伽德罗发现了矛盾的焦点，对盖-吕萨克的理论进行了修正，提出了阿伏伽德罗定律：“在同温、同压下，相同体积的不同气体具有相同数目的分子。”阿伏伽德罗在他的论文中声明自己的观点来源于盖-吕萨克的气体实验事实，与道尔顿体系具有一致性。接着，他明确地提出了“分子”的概念，认为单质或化合物在游离状态下能独立存在的最小质点为“分子”，

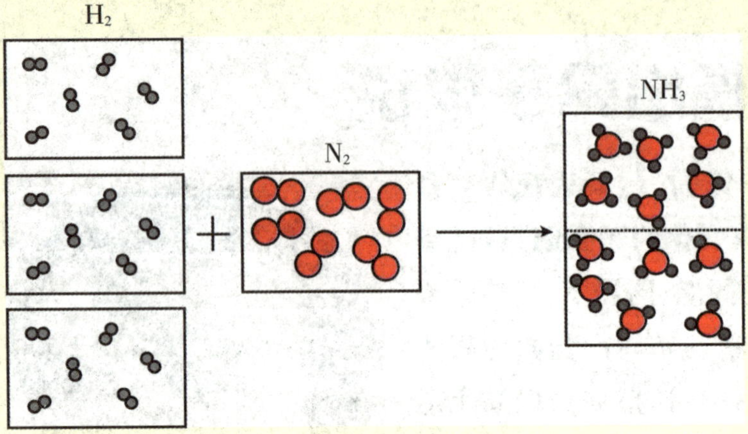

阿伏伽德罗定律表明，在同温、同压下，相同体积的不同气体具有相同数目的分子Ⓦ

单质分子可由多个原子组成。对此他解释说，之所以引进分子的概念是因为道尔顿的原子概念与实验事实发生了矛盾，必须用新的假说对原有的原子概念加以修正才能解决这一矛盾。分子学说恰好使道尔顿的原子论和气体反应体积简单比定律统一起来。

但是分子学说当时并不为人接受，原因之一是它假设气体单质分子均为双原子分子，而这不具有普遍性。另外，当时取得辉煌电解实验成就的瑞典化学家贝采里乌斯提出了原子都带电、它们靠异性电荷相吸引而形成化合物的电化二元论，完美解释了电解现象，认为同种原子必然带有同种电荷，因此同种原子结合成分子是不可能的。

在原子论和分子学说提出后的50余年里，尽管很多元素的相对原子质量被准确测定，但仍有很多元素的相对原子质量没有能够被准确测定，而且几个相对原子质量体系共存，原子量（相对原子质量）、当量、化学式、分子式、分子量（相对分子质量）等基本概念搅成一团乱麻，造成了很大的混乱，甚至在1860年专门为此召开的国际化学大会上也没能形成统一的意见。在这关键时刻，意大利化学家坎尼扎罗撰写并散发了名为《化学哲学教程提要》的小册子，对有关工作做了客观公正的评述，对当时的争论点做了清晰的阐述，并在相对原子质量测量和计算等方面进行了重要修正和拓展，终于使分子学说得到公认，且被认为是整个化学的基础理论，对科学发展具有特别重大的意义。此时，阿伏伽德罗已经不在人世。为了纪念阿伏伽德罗的伟大功绩，1摩尔物质所含的结构粒子数目被命名为阿伏伽德罗常量。

1813年
发现有机物旋光性

只能在一个平面内振动的光叫作平面偏振光。平面偏振光是1808年由法国物理学家马吕斯发现的。1813年,法国物理学家毕奥发现有些石英石的结晶将偏振光按照顺时针方向旋转(右旋),有些则将偏振光按逆时针方向旋转(左旋)。毕奥还发现到一些天然存在的有机化合物(像松节油、樟脑、糖及酒石酸)也有旋转偏光的作用。当时他提出,这可能是由分子结构本身存在着不对称性(现称为手性)造成的。1835年,他提出了根据偏振光的强度变化判断蔗糖水溶解程度的方法,从而创立了测偏振术。

1848年,法国生物学家和化学家巴斯德在研究酒石酸钠铵的晶体时,意外地发现当外消旋酒石酸钠铵的溶液缓慢结晶时,可以得到"不同"的晶体,因为当他用偏振装置分别检查这些晶体的溶液的旋光度时,他又惊又喜地看到其中有的晶体使偏振光平面向右旋,有的晶体使偏振光平面向左旋,且两者旋光度相等。

左旋和右旋酒石酸钠铵晶体Ⓦ

巴斯德由此发现了酒石酸钠铵有两种不同的晶体。这两种晶体互呈物体和镜像的对映关系,好像左手和右手的关系一样,它们非常相似,但是不能重叠。巴斯德还注意到左旋和右旋酒石酸钠铵的晶体外形是不对称的,巴斯德从晶体的外形联想到分子内部的结构,认为酒石酸钠铵的分子结构一定也是不对称的。当时他明确提出,在左旋和右旋异构体分子中,原子在空间排列的方式是不对称的。巴斯德的这些观点,为对映异构现象的研究奠定了理论基础。

对映异构现象与人类关系密切。具有对映异构现象的分子称为手性分子,DNA、酶、抗体与激素等与生物体有关的化合物都是手性分子。两种手性分子可能具有明显不同的生物活性。绝大多数药物由手性分子构成,两种异构体中往往仅有一种是有效的,另一种无效甚至有害。

1813—1814年

贝采里乌斯提出化学符号和化学式的书写规则

早在炼金术时代，炼金术士就想到用符号表示各种物质，这不光出于书写简便的需要，更出于保密的需要。后来，化学家们也用各种符号表示元素和化合物。道尔顿甚至想到用元素符号的组合表示化合物，这样，化合物的元素组成就一目了然了。但不同的化学家使用的符号不同，极不便于交流。因此，设计一套便于使用和交流的化学符号，就成为19世纪初化学家的一个迫切任务。

瑞典化学家贝采里乌斯首先倡导用元素符号来代表各种化学元素。他提出，用化学元素拉丁文名的第一个或头两个字母作为元素符号。例如：用S表示硫，用Si表示硅，用C表示碳。他的元素符号系统，公开发表在1813年的《哲学年鉴》上。一年以后，在同一刊物上，他又撰文论述了化学式的书写规则。在表达最简单的化学式时，他采用二元论原则，用加号把化合物两部分分开，例如，铜的两种氧化物的成分分别为Cu+O和Cu + 2O。后来，他又简化了化学式的书写法，用在其他元素的符号上打点表示氧和硫原子，在原子的符号当中画一横表示两个原子。他还用标在元素符号右上角的数字表示各原子的数目，例如CO^2、SO^2、H^2O。

与炼金术的符号和道尔顿的符号相比，贝采里乌斯提出的化学符号，简单明了，便于书写和印刷，用来表示化合物的组成及化学反应的方程式，既科学又实用。这一套化学符号系统，很快就被科学界接受。他的元素符号设计原则基本上沿用至今。

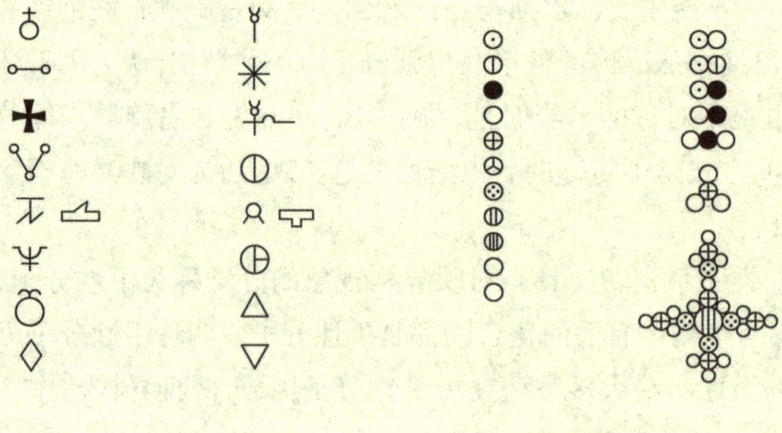

炼金术士的符号(左)和道尔顿的符号(右)

1814年
贝采里乌斯发表第一张相对原子质量表

相对原子质量的测定在化学发展的历史进程中，具有十分重要的作用。因为只有精确地对相对原子质量进行测定，才会有定量分析化学的发展。从最早的相对原子质量表出现至今，相对原子质量表发生了几次演变。

贝采里乌斯Ⓟ

道尔顿首创了确定元素相对原子质量的工作，在当时的欧洲引起了普遍的关注和反应。各国的化学家们认识到确定相对原子质量的重要性，纷纷加入测定相对原子质量的行列中，使这项工作成为19世纪上半叶化学发展的一个重点。在这当中，成绩斐然的当属瑞典化学家贝采里乌斯。

为了研究和著书立说，贝采里乌斯查阅了大量的化学资料。在查看文献时，他阅读道尔顿的一些论文，其内容主要是关于原子论和为确定相对原子质量而做的一些初步实验等。他拥护原子论，认为道尔顿的思想有着巨大的发展前途。他成了道尔顿的忠实信徒，但又觉得包括道尔顿在内的许多人，在文章中所引用的材料是不充分的。他认为应该进行更深入的测定工作，以求得各元素相对原子质量的真实值。

1807年，贝采里乌斯被任命为斯德哥尔摩大学教授。一年后又当选为瑞典科学院院士。1810年，他还担任了卡罗琳医学院的化学与制药学教研室主任。从此，他连续进行了20年的相对原子质量研究工作。在1810—1830年间，贝采里乌斯首先把许多科学家的研究成果做了比较，确认水分子是由两个氢原子和一个氧原子构成的，测得氧的相对原子质量是16。他对当时已知的40多种元素的2000多种单质或化合物进行了分析，克服重重困难，终于取得了惊人的成果。1814年，他发表了第一张相对原子质量表。1818年，贝采里乌斯所分析的数据更加丰富，更加精确，他发表的第二张相对原子质量表内已列入47种元素。

只是由于计算原则未变,某些元素的相对原子质量较实际值高了很多。1826年,他完成了相对原子质量的全部测定工作,发表了第三张相对原子质量表。除个别元素(如银、钾和钠)以外,测定值几乎与现代值一样。

贝采里乌斯的相对原子质量表以氧为基准,设定值为100,并在确定化合物的化学式时采用了最简单比的假定。据此,当一个氧化物中氧的量确定后,另一个就很容易测定了。这种构思使相对原子质量的测定工作大大简化。在当时,确定化合物的化学式是一个难点。贝采里乌斯为此不断吸收他人的科研成果,比如法国化学家盖-吕萨克的气体反应体积简比定律、法国物理学家杜隆和珀蒂的原子热容定律,以及他的学生密切利希的同晶型定律。大约在1828年,贝采里乌斯结合原子热容定律和同晶型定律,把他长期弄错的钾、钠、银的相对原子质量纠正过来。到1830年,贝采里乌斯又重新列出一张相对原子质量表,表上的相对原子质量与当今所用的就完全相同了。正是由于他能够博采众长,持之以恒,才得出了比较准确的相对原子质量,为后来门捷列夫发现元素周期律开辟了道路,在化学发展史上写下了光辉的一页。

贝采里乌斯相对原子质量表发表以后,相对原子质量的精确测定仍在继续,法国化学家杜马从1826年开始研究相对原子质量的测定,并创立了通过测定物质气态密度计算相对原子质量的方法,即著名的杜马蒸气密度测定法。比利时分析化学家斯塔以氧的相对原子质量16.000作为基准,从1860年前后开始,用了十几年的时间对相对原子质量进行了精密的测定。他测定的若干元素的相对原子质量,已非常接近现代的测定值。例如,碘为126.85(现用值为126.91),银为107.93(现用值为107.868),氯为35.45(现用值为35.453)。

位于斯德哥尔摩的贝采里乌斯塑像

1814年 贝采里乌斯提出电化二元学说

在法国化学家拉瓦锡的化合物体系中，氧是中心元素，酸是一个基和氧的化合物。英国化学家戴维把它加以推广，证明碱是金属和氧的化合物。瑞典化学家贝采里乌斯进一步地发展了物质的组成体系，他假定：在所有情形下，盐是酸（实际上是酸酐）和碱（实际上是碱性氧化物）的化合物。

贝采里乌斯Ⓟ

1814年，贝采里乌斯又在电化学实验的基础上提出了电化二元学说。他认为，化合物都是由两种电性质相反的组分构成的。

贝采里乌斯的结论得益于1800年伏打电堆的发明，因为伏打电堆为他提供了恒定的电源，使他有可能从各个方面研究电流的各种效应。1803年，贝采里乌斯根据大量电化学实验证明，伏打电堆会将化合物分解成电性相反的两个组分。例如，水在电堆的作用下会分解为带正电的氢和带负电的氧，盐会分解为酸和碱。他把酸和碱的概念与电的极性联系起来，认为碱是由金属的氧化物形成，它带正电；而酸是由非金属氧化物形成，带负电。这两种氧化物之间由于电性相反，所以能够紧密结合形成盐。

按照贝采里乌斯的假定，物质粒子总是带电荷的，即使化合以后仍带电荷，物质相互作用的亲和力就是电的吸引力。他把电看作是物质粒子的本性，这种认识比戴维只停留在表象的认识深刻得多。贝采里乌斯把物质的化学性和电性都统一在同一的物质属性内，通过物质的电性变化来认识物质的化学变化，把这两种变化有机地联系起来，这是对化学物质、化学过程的认识的一个重要的思想发展。

电化二元论开创了对分子中各原子间相互关系的探索，在研究金属和非金属的特性，以及解释无机化合物性质和制备过程方面获得成功。电化二元论基本符合电解的实际过程，对使盐类结合、酸碱中和的亲和力概念作了较为合理的解释。

1830年
贝采里乌斯发现同分异构现象

很多有机物具有相同的分子式，但具有不同的结构，这种现象称为同分异构现象。现在人们对这一现象的认识不会有很大的障碍，但在有机化学刚起步的19世纪，在对分子结构的认识还仅限于组分的确定的情况下，对这个现象的认识却经历了一段时间的争论。

李比希Ⓟ

1823年，德国化学家李比希在他老师盖-吕萨克的实验室里研究他小时候就喜欢的烟花。这种烟花的主要成分是雷酸银，它是一种极不稳定的物质。李比希研究了雷酸银的组成，并在盖-吕萨克担任主编的《化学年刊》杂志上公布了分析结果。几乎与此同时，德国化学家维勒也在研究另一种他描述为无毒又稳定的化合物——氰酸银的组成，他也把他关于氰酸银组成的论文发表在《化学年刊》上。这两篇论文受到了盖-吕萨克的关注，他发现了一个令人惊异的情况：两种性质截然不同的化合物竟然具有相同的成分(银、碳、氮和氧)。为何相同的元素组成的两种物质，性质会有如此大的差别呢？按照当时的观点，组成相同的化合物必定具有相同的性质。李比希认为维勒的实验结果有误。一向谦虚谨慎的维勒对李比希的批评并不急于反驳，而是重新验证了分析结果，发现双方的测定数据都准确无误。

1825年，英国科学家法拉第发现了丁烯，在把丁烯与其他烯烃对比时又一次出现了类似情况，即有些化合物的实验成分相同，但性质各异。

1830年，贝采里乌斯发现酒石酸和消旋酒石酸的成分分析结果完全一样，但是两者的化学性质却完全不同。贝采里乌斯最初对实验结果也持怀疑态度，但越来越多的研究表明，元素组分相同的化合物未必具有相同的性质。随后，他毅然地放弃了每一种确定的化学组分只能构成一种具有某些特定性质的化合物的观点。他认识到化合物中的原子可能有不同的排布，正是这不同的排布使化合物显示出不同的性质。于是，他引进了“同分异构”这一名词，来表示这种现象。他把化学组分相同而性质不同的物质称为同分异构体，认为异构体的不同是由于分子中各个原子结合方式的不同而产生的，“仿佛组成物质的简单原子彼此以不同的方式相结合”，他把这种不同的结合方式叫作结构。

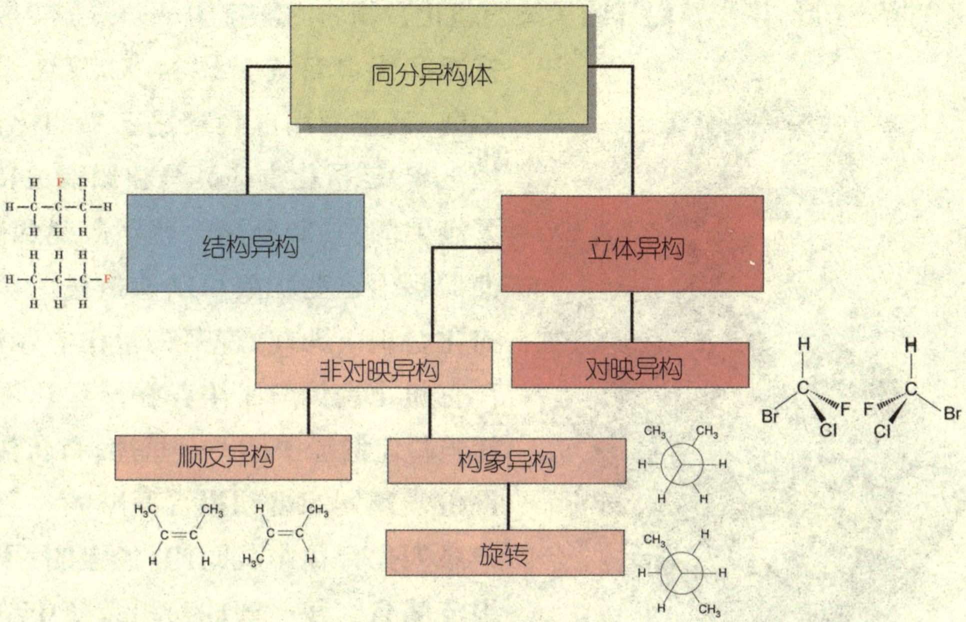

同分异构体分类Ⓦ

贝采里乌斯发现同分异构现象后，化学家们继续深入地研究物质的化学结构。1861年，俄国化学家布特列洛夫首先正确地解释了同分异构现象。他指出，化学同分异构体，是那些由相同的化学元素组成，但具有不同化学结构的化合物。他还成功地解释了同分异构体性质对结构的依赖往，认为在物质结构内部，存在着构成化学结构的间接的“原子的相互影响”，正是这种影响，使原子具有不同的“化学意义”，而这种不同的“化学意义”，要看原子所处的化学结构条件而定。

同分异构现象帮助化学家们认识到，为何仅仅百余种元素，却能构成如此纷繁复杂的、千变万化的物质世界。同分异构现象的发现推动了有机化合物经典结构理论的建立和发展。贝采里乌斯以科学态度作出的明智转变，为有机结构理论的发展画出了坐标原点。

1834年
杜马提出取代学说

19世纪中叶，化学家们开始探索有机化合物的内部结构——分子中原子的排布和组合方式。1834年，李比希发现乙醇、乙醚都可以看成是乙基的化合物。同一年，法国化学家杜马和佩利戈特制备了纯甲醇，并制备出一些甲醇酯和甲醚，他们指出这些物质可以看成是含有甲基的化合物。为此，许多有机化学家认为，在有机化合物分子中存在一些化学性质相当稳定的原子团——基团，有机化合物是由一系列的基团组合而成的。基团是一系列化合物中共同的、稳定的、不变的组成部分。在一般的有机反应中这些基团不变，只是发生基团间的重新组合。这就是基团理论。

杜马Ⓟ

1830年代，有机化学界流行基团理论。基团理论在当时归纳和解释了一些有机反应，在有机化学的系统化方面起到了一定作用，但是它没有揭示出有机化合物的本质。法国化学家杜马发现的取代作用，就不能由基团理论解释。

1833年，一次舞会上的“蜡烛冒烟”事件使杜马开始研究取代反应。当时，蜡烛燃烧放出了一种让宾客难以忍受的刺激性烟雾。杜马于是开始研究产生烟雾的原因。经过仔细考察，杜马弄清了难闻气味的来源是呛人的氯化氢气体。他发现生产蜡烛的蜡曾经用氯气漂白过，而氯气并不是作为一种杂质存在于蜡中，而是已经与蜡发生了化学反应。他进一步研究了氯气、溴和碘与松节油等物质的反应，最终认定反应中卤素取代了氢，而且化合物每失去一份氢，就会有等量的卤素进入该化合物。他认为，这些事实说明氯具有一种从某种物质中排除氢并将氢原子逐个取代的能力。杜马将这一过程命名为取代作用。

其实，早在1815年和1821年，盖-吕萨克和法拉第等人都曾提及过取代作用。1828年，盖-吕萨克在一篇关于氯的漂白作用的文章中，也说氯取代了油中的氢，与油化合生成氯化氢。不过，当时这些现象并未引起人们的注意。杜马却抓住了这些现象，在前人和自己实验的基础上总结了规律，提出了取代学说。他把新学说总结如下：当一种含氢的有机化合物遇到氯、溴、碘、氧等的脱氢作用时，它每失去一个氢原子，就获得一个氯原子（或溴原子、碘原子、半个氧原子）。

由于在基团理论看来，负电性的氯是不可能取代正电性的氢的，取代学说受到了当时主流化学家的反对。如何解释氯可以逐个取代某种物质中的氢这种异常的能力呢？这时，杜马的学生罗朗也在研究取代作用。他注意到氯化产物的性质似乎与原料没有明显的区别，也就是说，氯受到的影响、发挥的作用与它所取代的氢很相似，因而明确提出了是氯取代了氢的位置并且扮演了氢的角色。罗朗将取代前的化合物同取代后的化合物加以比较，其研究结果补充和丰富了杜马的学说，将取代学说往前发展了一步。

1838年，杜马用干燥的氯气与冰醋酸在日光作用下制出了三氯乙酸。在研究了三氯乙酸及其衍生物的性质以后，杜马发现三氯乙酸的化学性质酷似乙酸。此后的两年时间里，杜马通过比较发现氯乙醛和乙醛、甲烷和三氯甲烷都有相似的化学性质，这使他接受了罗朗的氯可以起到氢的作用的看法。

杜马的取代学说是近代有机化学发展过程中的一个很重要的理论，它宣告了基团理论的破产，使近代有机化学又向前迈进了一大步。

杜马塑像①

1834年

法拉第提出电解定律

人们很早就认识到，化合物可以靠异性电荷的相互吸引而形成，而通过相反的过程——电解，则可以使化合物分解。电解反应的条件不苛刻，设备也简单，应用十分广泛。利用电解，可进行电镀：用锌片作阳极，待镀的铁制品作阴极，氯化锌溶液为电镀液，接通直流电源，可在铁制品表面镀上一层锌，起到增强抗蚀能力、增加表面硬度和提高美观程度的作用。电解饱和食盐水可产生湿氯气、氢氧化钠和氢气，为氯碱工业提供基础原料。电解法还可用于铝和铜的精炼。那么，在电解过程中，析出物质的量与通入的电量之间具有怎样的关系呢？

法拉第Ⓟ

英国物理学家、化学家法拉第在22岁时成为英国化学家戴维的实验助手，从此开始了他的科学生涯。戴维曾说，他虽然在科学上有许多贡献，但他对科学最大的贡献是发现了法拉第。作为世界上最著名的自学成才的科学家，法拉第在电磁学及电化学领域作出了很多重要的贡献。在电化学方面，为了证实用各种不同办法产生的电在本质上都是一样的，法拉第仔细研究了电解液中的化学现象，精心设计了一系列的实验，并根据实验结果最终得到了预期的结论。

1831年到1834年，法拉第对电解进行了更深入的研究。在一系列的电解实验研究过程中，法拉第感觉到电解出的物质量与通过的电量之间存在着正比关系。但是要确切证明这一点并非易事，因为电解时很难避免副反应的发生。为了这项研究，法拉第设计了一种可以测量通过的电量的仪器，即在电路中串联一个电解水的电解池，根据电解过程中产生的氢气或氧气的体积来衡量流过的电量。他用这种仪器测量了在这个电解池中每电解出1克氢气，在与之串联的电解槽中电解出的各种物质的质量。他发现只要通过相同的电量，电解出的某种物质的质量就是确定的，至于电解槽中极板的数目、大小以及电极间的距离，只会影响电解的速度，而对电解出的物质的质量没有影响。法拉第据此提出了电解定律：电解时，在各电极上析出（或溶解）的物质的量与通过电解液的电量成正比，1法拉第电量产生相当于1摩尔电子所对应的发生氧化还原反应的物质的量。当以一定的电量通过几个串联的电解槽时，在各电极上析出（或溶解）的物质的量与 $\frac{M}{z}$（$\frac{A}{z}$）成正比，式中 M、A 分别为该物质分子或原子的摩尔质量，z 为电极上反应进行时该物质分子或原子的电荷数的变化量。他的论文发表在1834年1月的《皇家学会哲学学报》上，在论文中法拉第第一次使用了沿用至今的电极、阳极、阴极、电解质、离子、阳离子、阴离子和电解作用等专用名词。

法拉第在皇家学会作圣诞演讲Ⓟ

法拉第电解定律是电化学中的重要定律，是电解反应定量计算的基础。它将电量和化学反应过程中涉及的物质的变化量定量地联系起来，成为架设在经典物理量和多种化学物质变化之间的一座桥梁，也是通向发现电子之道路的桥梁。历史上，法拉第电解定律对于发现基本电荷以及建立物质的电结构理论具有重大的推动作用。在美国物理学家密立根测定电子电荷以后，曾根据电解定律的结果计算出了阿伏伽德罗常数。由于法拉第对电化学的巨大贡献，人们用他的姓——“法拉第”，作为电量的单位；用他的姓的一部分——“法拉”，作为电容的单位。此外，当电子发现后，人们将1摩尔的电子所含的电量（约96485库仑）称为法拉第常数，以表达对他的崇敬和纪念。

1840 年

盖斯发现化学反应总热量恒定定律

19世纪初期，随着蒸汽机的发明和推广，迫切需要研究热和功的关系，以提高热机效率。因此，热与机械功的相互转化得到科学家们的广泛研究。英国工程师尤尔特研究了煤燃烧所产生的热量和由此提供的“机械动力”之间的定量关系。丹麦物理学家科尔丁通过摩擦生热的实验研究热与功之间的关系，提出物体内部出现发热、起电以及类似的现象，都与摩擦、阻力、压力等造成的机械效能的损失有关。

盖斯Ⓟ

出生在瑞士的俄国化学家盖斯一直致力于热与功关系的研究。盖斯幼年随父侨居俄国，1825年毕业于塔尔图大学医学系，后又在斯德哥尔摩大学师从著名化学家贝采里乌斯学习化学。完成学业回到俄国的盖斯，在伊尔库茨克一边行医，一边从事与矿物和天然气相关的研究工作，取得了一些成果，其中包括发现蔗糖可氧化成糖二酸。

1830年起，他专门从事化学热效应测定方法的改进，曾改进拉瓦锡和拉普拉斯的冰量热计，从而较准确地测定了许多化学反应中的热量。他从实验结果中发现：由特定的化学反应物生成特定的化学产物时，不管反应途径是什么，也不管经历多少步骤，生成或吸收的总热量相同。这表明，当对一个不能直接发生的反应求反应热时，便可以用分步法测定反应热并加起来而间接求得。1836年，他提出初步的热量守恒思想：“不论用什么方式完成化合，由此发出的热总是恒定的。”1840年，他将这一实验结论整理发表，这就是著名的化学反应总热量恒定定律，后被称为盖斯定律。

盖斯定律是热化学领域发现的第一个定律，它的发现标志着热化学的诞生。同时，它也是自然科学领域第一个有关能量守恒和转化的规律性结论。盖斯也被称为热化学的奠基人，他的主要著作是《纯化学基础》(1834年)，曾被用作俄国教科书达40年，出过七版，对欧洲化学界也有较大影响。

1844 年

热拉尔提出有机化合物同系列概念

1844 年，法国化学家热拉尔在对有机化合物进行分类的工作中，首次提出有机化合物同系列的概念。他认为有机化合物存在许多系列，每个系列都有自己的代数组成式，在同一系列中相邻的两个化合物分子式之差为 CH_2，任意两个化合物的分子式之差则为 CH_2 的整数倍。例如，甲烷（CH_4）、乙烷（CH_3-CH_3）、丙烷（$CH_3-CH_2-CH_3$）属于同系列，它们分子式相差 n 个 CH_2，可用通式 C_nH_{2n+2} 表示。甲醇(CH_3OH)、乙醇（CH_3-CH_2OH）、丙醇（$CH_3-CH_2-CH_2OH$）也属于同系列，它们之间也相差 n 个 CH_2，可用通式 $C_nH_{2n+1}OH$ 表示。而且，同系列中的各化合物按相同的化学方程式进行反应，因此只要知道其中某一个化合物的反应，就可以预言同系列中其他化合物的反应。同系列概念的提出使得当时杂乱无章的有机化学显现出一些系统性的魅力。

热拉尔Ⓟ

现在，我们把结构相似、组成上相差 1 个或者若干个某种原子团的化合物称为同系物。根据这个定义，虽然甲醇、乙二醇、丙三醇的分子式之间并不相差若干个 CH_2，但它们也属于同系列，因为分子式之间相差若干个 CH_2O。

同系列是有机化学中的普遍现象，同系列中的化合物，由于有相同的官能团，且分子结构有规则地改变，所以其化学性质基本相似，物理性质则随着碳原子的增加而呈有规则的递变。这给研究和学习有机化学带来很大的方便。19 世纪后半叶以来，许多科学工作者为了寻找同系物性能递变的定量规律，测定了大量的性能数据，总结出许多经验公式，丰富了人们对同系物结构与性能关系的认识，并能比较精确地预测同系物的性能，这对某些有机物（如染料、药物）的生产起到了重要的指导作用。

1850年 威廉密提出化学动态平衡理论

如果化学反应只能朝一个方向进行，那么自然界最终只会剩下为数不多的物质。想象一下，那将是多么恐怖的场景！好在几乎所有的化学反应都有一定的可逆性，且正逆反应可同时进行，这使得我们的物质世界保持着丰富多彩。

科学家发现，化学反应的速率由反应物浓度、温度、压强等多种因素决定。在一定条件下，反应会达到一个平衡状态，这时候，反应物和产物都不再变化，化学反应看起来像是停止了。那么，化学反应达到平衡时，反应是不是真的停止了呢？这个平衡有什么特征呢？这其实也是化学动力学要研究的问题。

1850年，德国科学家威廉密在研究酸存在条件下蔗糖转化的反应速率时，发现蔗糖量的变化速率总是与蔗糖浓度成正比，而反应永远也不会完成。于是，他提出了化学动态平衡理论：在外界条件不变的情况下，可逆反应不可能进行完全，而是达到一个长时间保持不变的组成比，这种状态称为化学平衡状态。达到平衡时，正向反应与逆向反应的速率相等，反应物与产物的浓度不再发生变化。化学动态平衡理论的提出标志着化学动力学定量研究的开始。

化学动态平衡的特点在于：虽然宏观上观察不到化学组成发生变化，但对于体系中的每一个微观的分子来讲，却可以不断地发生反应。这其中，反应物的浓度与生成物的浓度不再改变是化学平衡状态的外在表现，而正反应与逆反应还在进行且速率达到相等才是化学平衡状态的实质。而且，当外界条件发生变化时，平衡会被打破，反应速率发生相应的改变，直到达成新的平衡。

化学动态平衡是普遍存在的，在自然界的许多现象中，都存在着各种化学平衡。可以这样说，化学动态平衡是自然界中的一条普遍规律。

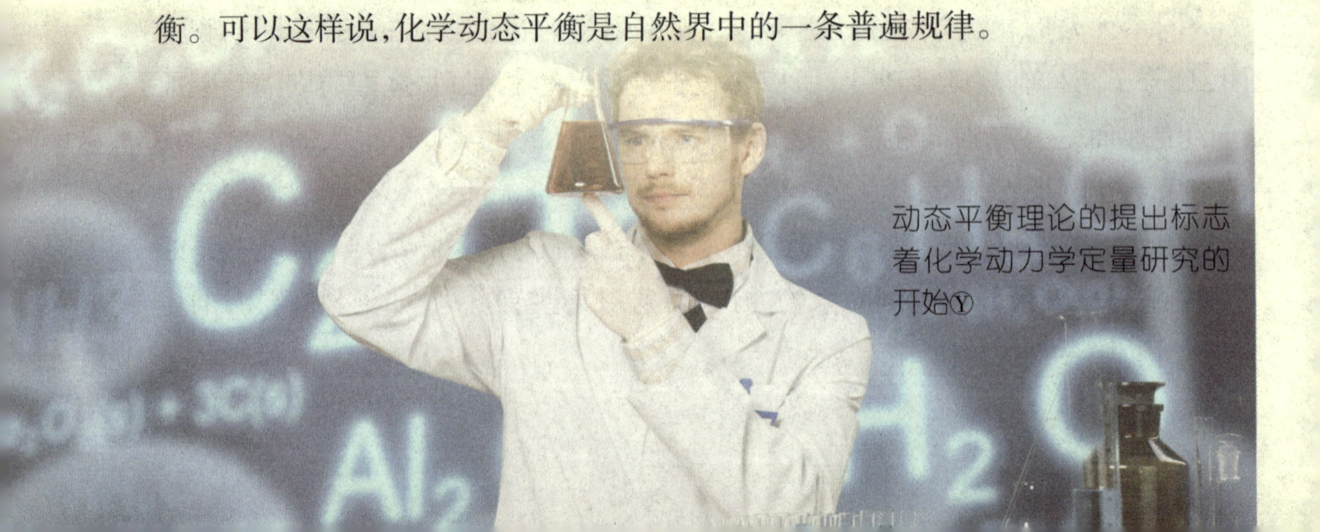

动态平衡理论的提出标志着化学动力学定量研究的开始Ⓨ

19世纪中后期

炸药开始工业化生产

炸药在一定的外界作用下(如受热、撞击)能发生爆炸,同时释放热量,形成高热气体。炸药的源头可追溯到中国古代发明的黑火药,但其大规模的工业化生产直到19世纪中后期才开始。

诺贝尔Ⓟ

1825年,英国科学家从煤焦油中分离出苯、甲苯、萘等,为炸药的发展提供了主要的原料;酸碱工业的建立,为合成炸药提供了硝化手段;1834—1842年形成的硝化反应理论,为炸药生产上提供了重要的理论支持。这些条件伴随着工业革命的发展,终于促成了19世纪后半期炸药的工业化生产。

1846年,瑞士化学家舍恩拜因在一次意外事故中发现,用硝酸和硫酸的混合液与棉花作用能制得硝酸纤维素,他把它称作火棉。火棉遇到火星、高温、氧化剂会发生燃烧和爆炸,而且在爆炸过程中不会产生大量的烟。很快,它就引起科学家们的注意。

1847年,意大利化学家索布雷罗把甘油加到浓硝酸和浓硫酸的混合液中,成功地合成了一种烈性炸药——硝化甘油,它具有强爆炸力,且不稳定,稍受碰撞立即爆炸。当时,索布雷罗告诫别人要谨慎使用它。

1862年夏天,索布雷罗的学生、瑞典化学家诺贝尔开始了对硝化甘油的研究。这是一个充满危险和牺牲的历程,死亡时刻都在陪伴着他。在一次炸药实验中,不幸发生了爆炸,实验室被炸得无影无踪,5个助手全被炸死,他最小的弟弟也未能幸免。这次惊人的爆炸事故,使周围的邻居们纷纷向政府投诉诺贝尔。

诺贝尔只得把实验室搬到市郊湖中的一艘船上,继续开展炸药实验。经过长期的研究,他发现雷酸汞很适合做成硝化甘油的引爆物,成功地解决了硝化甘油的引爆问题,这就是雷管的发明。它是诺贝尔科学道路上的一次重大突破。

矿山开发、河道挖掘、铁路修建及隧道的开凿,都需要大量的烈性炸药,所以硝化甘油炸药的问世受到了普遍的欢迎。诺贝尔很快就在瑞典建成了世界上第一座硝化甘油工厂。但是,这种炸药本身也有许多不完善之处,如存放时间一长就会分解，强烈的振动也会引起爆炸。在运输和贮藏的过程中曾经发生了许多次事故。针对这些情况，多个国家的政府发布了禁令，禁止任何人运输诺贝尔发明的炸药。面对这些情况，诺贝尔没有退却，他在反复研究的基础上，发明了以硅藻土为吸收剂的安全炸药。这种被称为黄色炸药的安全炸药，在火烧和锤击下都表现出极大的安全性。这使人们对诺贝尔的炸药完全解除了疑虑，诺贝尔再度获得了信誉，炸药工业也很快获得了发展。

在安全炸药研制成功的基础上，诺贝尔又开始了对旧炸药的改良和新炸药的研究。两年以后，一种以火棉和硝化甘油混合的新型胶质炸药研制成功。这种新型炸药不仅有高度的爆炸力，而且更加安全，既可以碾压，也可以压制成条绳状。胶质炸药的发明在科学技术界受到了普遍的重视。诺贝尔在已经取得的成绩面前没有停步，当他获知无烟火药的优越性后，又投入了混合无烟火药的研制，并在不长的时间里研制出了新型的无烟火药。

诺贝尔一生拥有355项专利发明，并在20个国家开设了约100家公司和工厂，积累了巨额财富。在他逝世的前一年，立嘱将其遗产的大部分（约920万美元）作为基金，将每年所得利息分为5份，设立物理、化学、生理学医学、文学及和平5种奖金（即诺贝尔奖），授予世界各国在这些领域对人类作出重大贡献的人。

瑞典诺贝尔博物馆展出的诺贝尔实验室⑩

19世纪中后期 人工合成苯胺紫与靛蓝

人类丰富多彩的生活离不开染料。在远古时代，人类已经知道从天然植物和动物提取某种有色物质(染料)为各种物品着色。然而，随着人类对染料需求的增加，天然的染料已经不能满足需要，于是人们期盼着人工合成的染料问世。

人类历史上第一种合成出来的化学染料是苯胺紫。1856年，德国化学家奥古斯特·威廉·冯·霍夫曼提出了人工合成奎宁的设想，并将这一想法告诉了他的学生珀金。真是初生牛犊不怕虎，对奎宁一无所知的珀金大胆地向霍夫曼表示，他将解决奎宁合成问题。由于当时药物化学的理论和实验基础尚不够完善，人们还无法知道奎宁的准确分子结构，珀金只有通过大量的实验来不断摸索。

一天，珀金把强氧化剂重铬酸钾加入到了苯胺的硫酸盐中，结果烧瓶中出现了一种沥青状的黑色残渣。珀金以为实验又失败了！他只好去把烧瓶清洗干净，以便继续试验。考虑到这种黑色物质肯定是一种有机物，多半难溶于水，珀金就采用加入酒精的办法来清洗烧瓶。当酒精加入到了烧瓶之后，珀金忽然睁大了早已疲倦的眼睛：黑色物质被酒精溶解成了美丽夺目的紫色物质！作为一位有经验的化学研究生，他马上意识到了这个意外的现象会导致一项重要的发明创造。考虑到当时人们的衣物都是采用难以保存且色牢度很差的天然植物染料进行染色，无论是色彩鲜艳度还是色谱齐全度都不能令人满意，珀金尝试用这

珀金油画像⓪

种紫色物质去染布,可惜他的试验并没有成功。染上颜色的棉布用水一洗,颜色就几乎掉光了!他没有灰心,又用毛料和丝绸去试验,结果发现这种无法在棉布上染色的物质,却可以非常容易地染在丝绸和毛料上,而且比当时各种天然植物染料的颜色都鲜艳,放在肥皂水中搓洗也不褪色。这就是世界上第一种人工合成的化学染料苯胺紫。珀金虽然没有制造出奎宁来,却获得了合成苯胺紫的发明专利。合成染料的华丽色彩令当时的英国维多利亚女王都为之倾倒。意外的成功极大地鼓舞了他的创业冲动,1857年,珀金建立了世界上第一家生产苯胺紫的合成染料工厂。

现代化学分析表明,苯胺紫是一种三苯甲烷结构的碱性染料,与蛋白质纤维的羧基阴离子可以形成盐键结合而上染。珀金的发明在人类有机化学史上有着十分重要的意义,珀金的成功极大地激发了化学家研究合成染料的热情。在珀金之后,化学家们纷纷进行有意识地探索和试验,包含偶氮、靛族、杂环等结构的人工合成染料如雨后春笋般不断问世。在五彩缤纷的现代纺织服装世界中,苯胺紫已经逐渐退出了染色行业的历史舞台,但人们却不会因此忘记珀金对现代纺织印染业作出的伟大贡献。

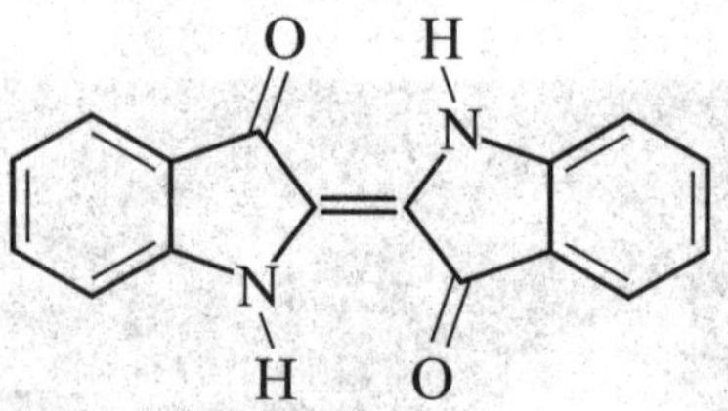

靛蓝结构式Ⓟ

20多年后的1880年,德国化学家拜耳成功合成靛蓝,并于1883年确定靛蓝的结构。拜耳是染料史上第一个人工合成靛蓝并对其性质和结构进行研究的化学家,他后来又在酚醛树脂的合成及尿酸的研究方面有杰出贡献。拜耳因在合成靛蓝有机染料和研究芳香族化合物方面的成就,获得1905年诺贝尔化学奖。

成功合成靛蓝之后,拜耳和他的同事们研究出了工业生产靛蓝的方法,其所用原料为甲苯。虽然用这种方法在实验室内合成靛蓝取得了完全成功,但将之用于工业规模生产则很不经济。一直到1890年,苏黎世工业学院教授休曼的通过苯基甘氨酸合成靛蓝的新方法问世后,才有了完善的、便宜的生产靛蓝的工业方法。1897年,合成靛蓝已经能够在市场上同天然产物竞争了。到20世纪初,靛蓝就以人工合成为主了。休曼的这种方法至今还在全世界使用。

1854年
德维尔制成单晶硅

单晶硅就是硅的单晶体。它是具有基本完整的点阵结构的晶体，在不同的方向上具有不同的性质。单晶硅是重要的半导体材料，广泛应用于电子计算机、自动控制系统、太阳能电池等现代科学技术领域。可以说，没有单晶硅就没有今天的高科技。单晶硅最早由法国化学家德维尔于1854年制得。

在地壳中，硅元素含量达26%，仅次于氧，主要以氧化物和硅酸盐形式存在，其中较纯的硅矿物是石英和硅石。人类获取单晶硅的历史可追溯到1810年，当时瑞典化学家贝采里乌斯在加热石英砂、炭和铁时，得到一种新的"金属"，他根据拉丁文silex（燧石）将其命名为silicon（硅）。实际上他制得的是硅铁合金。1824年，贝采里乌斯第一次用金属钾还原氟化硅才得到较纯的单质硅。但它的纯度还达不到单晶硅的要求。真正获得单晶硅的科学家是德维尔。

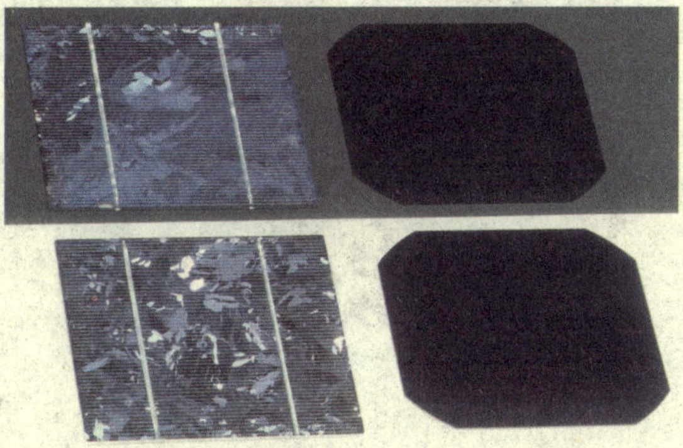
太阳能电池材料（左为多晶硅，右为单晶硅）⓪

1854年，德维尔通过电解熔融含有10%硅的钠铝氯化物时，获得了硅化铝，水解后铝被除去，在滤液中获得了单晶硅。

制备单晶硅的最初原料是石英砂，它的提炼过程是：石英砂—冶金级硅—提纯和精炼—沉积多晶硅锭—单晶硅。这其中由多晶硅制得的单晶硅的纯度决定着单晶硅的功能质量，如硅的纯度对于微电子技术的发展就至关重要。为此，人们研究出了很多制备单晶硅的方法，例如用钠、镁、铝、钾还原四氯化硅、四氟化硅，在硅烷中放电获得硅。这些方法的目的就是提高硅的纯度。目前，采用先提纯液态四氯化硅或者三氟氢化硅，然后以氢还原或者热分解的手段制得高纯度多晶硅，再由多晶硅制得单晶硅的方法，得到的单晶硅的纯度已经可以达到99.999 999 999 9%，为提高计算机存储器件的存储功能，缩小存储器件的体积奠定了基础。

1856年
贝塞麦发明转炉炼钢法

从炼铁炉炼出的铁是“生铁”，含碳量很高。生铁极硬但很脆。将生铁中的碳排出后则形成一种很纯的“熟铁”。熟铁含碳量非常低，一般小于0.2%，它是一种韧性铁，可以把它锻打成任何形状，但是它很软。含碳量介于熟铁和生铁之间的是钢，钢既坚硬又有韧性，成为用途最广的铁碳合金。如今的钢以其低廉的价格、可靠的性能成为世界上使用最多的材料之一，在建筑业、制造业和人们日常生活中不可或缺。可以说，钢是现代社会的物质基础。人类对钢的应用和研究历史相当悠久，但是在19世纪贝塞麦转炉炼钢法发明之前，钢的制取都是一项高成本、低效率的工作。

贝塞麦Ⓟ

早期的炼钢就像我们在电影中所看到的，用风箱（或其他鼓风装置）鼓入空气，使加到炉子里的焦炭加速燃烧，加热炉中的铁水，在加热过程中要对铁水不断搅拌，使铁水中的碳和其他杂质氧化。然后把糊状的铁取出，进行锤打，当其中的渣被挤出后，铁便形成了钢，而且能制成各种所需要的形状。这种生产方法速度慢、消耗高，炼1吨钢约需要消耗3吨焦炭，而且生产规模也很小。

英国冶金学家、军事工程师贝塞麦想，除了加入焦炭等燃料，还有没有别的方法能把生铁中的碳烧掉呢？为什么不能利用鼓风直接通氧使碳氧化呢？一些反对的意见认为，不加焦炭光吹入冷空气会使铁水冷却、凝固，从而使整个冶炼过程停止。

贝塞麦不听这些，坚持做了实验。他发现事实和这些反对意见正好相反。鼓入的氧气将碳烧掉，燃烧的热不仅可以保持铁呈熔融状，而且确实提高了铁水的温度，因而不需要再外加燃料。而且，贝塞麦发现，冶炼过程进行到一定程度时就停下来，钢就炼好了，最重要的是，根本用不着再花钱买燃料。

1856年，他宣布了他的这一发现。一些炼铁者表现出很高的热情，并投资建造了“鼓风炉”。但不幸的是，他们炼出的钢质量很差。贝塞麦遭到了痛斥，被说成是骗子。他只得重新进行实验。经反复实验后，他发现，在他的最初实验中，用的是不含磷的矿石，但那些采用他的方法炼铁的人用的是含磷的矿石。矿石如果含磷，贝塞麦的方法就不能用。贝塞麦声明了这点，但炼铁者怕再上当，都没有听他的。后来，贝塞麦借来了钱，于1860年建立起他自己的炼钢厂。他从瑞典进口了不含磷的铁矿石，开始以竞争对手价格的1/10出售他的优质钢，没有几年他就富了起来，使那些怀疑者看到了他的炼钢方法的力量。这种炼钢方法也被后人称为“贝塞麦转炉炼钢法”。

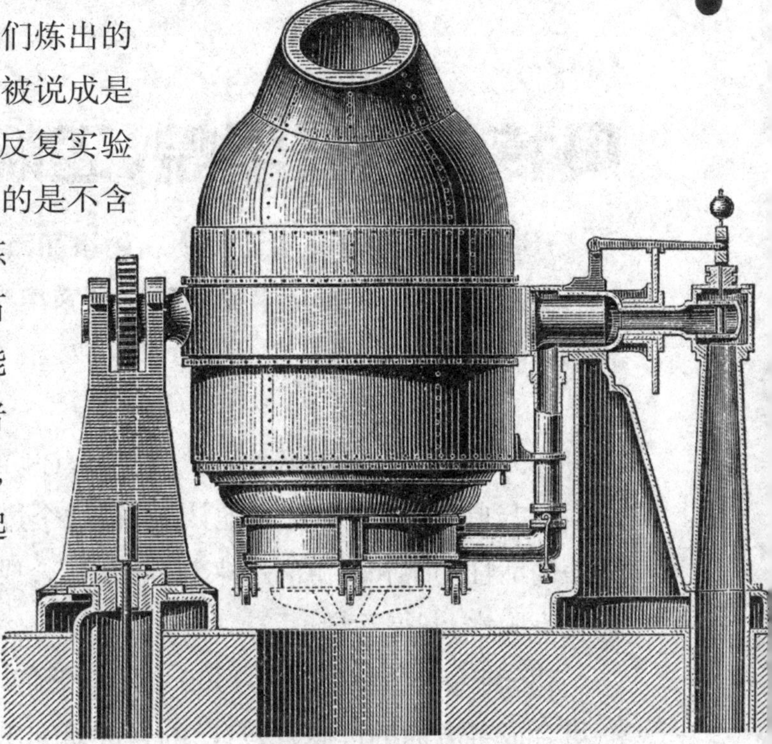

贝塞麦转炉Ⓟ

采用贝塞麦转炉炼钢法炼一炉钢只需要15—20分钟，而其他炼钢法要花几天的时间。这种冶炼速度快、能耗少、成本低的炼钢方法开创了大规模炼钢的新纪元。这种方法中使用的转炉是在1855年由贝塞麦设计的，它刚开始时是固定式的垂直容器，高约1.22米，下部有6个风口，可加入熔融生铁约350千克。后来，他将炼钢炉从固定式结构改为可向一侧倾倒，以使炼好的钢水易于倒出，并使炼钢炉成为可转动的炉，即转炉。时至今日，转炉依然是现代炼钢最重要的设备之一。

不过，贝塞麦转炉也有它的局限性。由于它的吹炼时间短，控制钢水的成分较困难，能够冶炼的钢的品种也很有限。在钢铁工业的发展过程中，贝塞麦转炉曾被平炉、电炉等取代。1950年代在贝塞麦转炉的基础上发展起来的碱性纯氧顶吹转炉，既发挥了贝塞麦转炉产量高、效率高的优点，又能较好地控制产品钢的化学成分，冶炼钢的品种也比较广。目前，世界上大约有60%以上的钢都是用碱性纯氧顶吹转炉生产的。

1856—1866年

贝特洛合成甲烷、乙烯、乙炔等有机物

1828年，维勒成功用无机物氯化铵和氰酸银合成有机物尿素，推翻了所谓“活力论”。之后，法国化学家和科学史家贝特洛又以新的实验事实把它碾成了碎屑。

1856年，贝特洛将无机物二硫化碳（CS_2）与硫化氢（H_2S）的混合气通过红热的铜，得到了有机物甲烷。他认为，在这个过程中是铜跟CS_2与H_2S中的硫结合而使高活性的碳和氢游离出来，并相互化合成甲烷的。接着，他又将乙醇在硫酸催化下脱水，制得乙烯。

1860年，贝特洛完成了1500页的巨著《合成有机化学》。这本书总结了当时有机合成各方面的进展，从自己的合成研究出发，阐述了有机合成的一般原则和方法，宣称无机物和有机物之间并不存在鸿沟，人类可以用科学的方法合成各种有机物。这本书当时在法国影响很大，很快被用于教科书和各种手册。1862年，他又成功合成了乙炔，这是人类第一次合成自然界不存在的有机物。他的工作是继维勒之后对活力论最大的冲击，并使他坚信可以通过非有机的来源制得各类自然界存在或者不存在的重要的有机化合物，于是他最先提出采用“合成”（synthesis）这个词来表达这个过程。除了合成甲烷、乙烯、乙炔外，贝特洛还合成了樟脑（1859年）、冰片（1859年）、苯（1866年）等。

有机化学从研究大自然存在的物质到合成大自然不存在的物质是一个质的飞跃，贝特洛在这个飞跃中功不可没。

贝特洛在实验室Ⓟ

1857年 凯库勒提出原子价学说

1852年，英国化学家弗兰克兰发现：各种元素的原子在形成化合物时总是倾向于与确定数目的其他原子结合，而当处在这种比例时，其化学亲和力得到最好的满足。这是原子价概念的萌芽。弗兰克兰的想法被德国化学家凯库勒发展并加以推广。

1857年，凯库勒通过对一系列化学反应的归纳，进一步指出："化合物的分子由不同原子结合而成，某一原子与其他元素的原子或基团相化合的数目取决于它们的'亲和力单位数'。"凯库勒提出的"亲和力单位数"相当于现在所说的原子价（化合价）。他指出，H、Cl、Br、K是"一原子的"（即一价的），O、S是"二原子的"（即二价的），N、P、As是"三原子的"（即三价的），它们的亲和力单位数分别为1、2和3。凯库勒认为，原子价的概念表明原子之间是按照某种简单的规律化合的。

凯库勒Ⓟ

他又在研究沼气型化合物时提出：碳原子与4个氢原子或2个氧原子是等价的。这样，他就把原子价的思想引入到碳化合物的研究中。他在论文中指出：如果只考虑最简单的碳化合物（如甲烷、氯甲烷、四氯化碳、氯仿、碳酸、二硫化碳、氢氰酸等），就会惊奇地发现，碳总是与一价元素的4个原子或二价元素的2个原子化合，也就是说，与1个碳原子相连的其他元素的原子价总数都为4，这说明碳是四价元素。

凯库勒懂得了原子价的真正意义，并把它当作自己有机分子结构理论的主导思想。1858年，凯库勒在碳四价学说的基础上，进一步提出了碳原子之间可以连成链状的碳链学说。他指出，1个碳原子能用1个亲和力单位与另外1个碳原子相连，每个碳原子然后又能各用3个亲和力单位与其他原子相连，这样就构成了有机化合物的碳链骨架，而碳链骨架结构正是有机化合物的基础。他认为某种化合物之所以在反应中碳原子数保持不变，是由于碳骨架并未受到影响，只是与之相连的原子发生了变化。凯库勒由此将有机化学定义为研究碳化合物的化学。

迈耶尔Ⓟ

在凯库勒提出碳四价学说的同时，英国化学家阿奇博尔德·库珀也独立提出了碳四价学说。在某些方面，库珀的成就已经超越了凯库勒。例如，他根据碳、氢、氮等元素的原子价，提出有机化合物中的碳原子可以相互结合成链，并用点线代表价键来联结原子，写出了人们容易理解的结构式。库珀还指出碳有两种化合价，一种是一氧化碳中的碳的化合价，为2；另一种是二氧化碳中的碳的化合价，为4。弗兰克兰也认为元素的化合价可以变化，例如，一单位磷可以和三单位或五单位氯化合，说明磷可以是三价或五价。可是，凯库勒却认为一种元素的化合价是固定的常数。可惜的是，库珀因为生病而提前退休，中断了进一步的研究，而凯库勒则坚持下来并且进一步完善了原子价学说。

1864年，德国化学家迈耶尔建议将“原子数”和“亲和力单位数”改成为“原子价”。至此，原子价学说便正式建立了。原子价学说的建立揭示了各种元素化学性质的一个极其重要的方面，阐明了各种元素相互化合时在数量上遵循的规律。

1859 年

普朗特制成铅酸蓄电池

电池是使用最为方便的能量提供装置之一。1801年，意大利物理学家、化学家伏打向拿破仑演示伏打电堆，被授予金质奖章并封为伯爵。但是，伏打电堆储能密度小，实用性较差。

汽车用铅酸蓄电池①

1859年，法国化学家普朗特经过大量实验，遴选出合适的正负极材料和电解液，发明了铅酸蓄电池。这种电池不仅储能密度提高，而且可以通过充电多次使用，从而翻开了电池发展的新篇章。

铅酸蓄电池由容器、电解液、涂有二氧化铅的铅正极板群和海绵状铅负极板群等组成。负极板上的铅和电解液发生化学反应，生成的二价铅离子Pb^{2+}转移到电解液中，在负极板上留下电子。而正极板有少量的二氧化铅渗入电解液，形成可离解的氢氧化铅[$Pb(OH)_4$]，铅离子Pb^{4+}留在正极板上。两极板间产生一定的电势差，即电池的电动势。接通外电路时，电流从正极流向负极。蓄电池放电后，两极板间电势差降低，电阻增大，电流减小。这时，可通过施加反向电流还原活性物质，恢复电池原有的供电能力，供下次放电使用。铅酸蓄电池的总反应如下：

$$Pb + PbO_2 + 2H_2SO_4 \underset{\text{充电}}{\overset{\text{放电}}{\rightleftharpoons}} 2PbSO_4 + 2H_2O$$

铅酸蓄电池的发明被人们称为“意义深远的发明”。铅酸蓄电池价格低廉、原材料易于获得，使用上有充分的可靠性，适用于大电流放电，使用温度范围宽，因而自发明至今的100多年中，它在化学电源中一直占有绝对优势。如今，随着科技的发展，各种储能密度更高、体积更小、充放电性能更好的蓄电池被相继研发出来。即便如此，铅酸蓄电池在汽车电池等领域依然未被其他电池取代。

1865年
凯库勒提出苯环的结构式

苯是一种有机物，是芳香族化合物中最简单的物质。最初人们为了区别从矿物提取的无机物，把源于生命体的物质称为有机物，把从植物胶里提取的具有芳香气味的物质称为芳香族化合物。而苯正是构成这些芳香族化合物的基本单元。

1825年，英国科学家法拉第用蒸馏的方法将煤气生产中剩下的一种油状液体(煤焦油)进行分离，得到另一种液体。法拉第将这种液体称为"氢的重碳化合物"，也就是苯。此后，欧洲的科学家又通过实验研究手段确定了苯的相对分子质量为78，分子式为C_6H_6。可是人们在对苯的分子结构进行探索时却遇到了很大的障碍。当时人们应用碳四价学说和碳链学说，从苯分子中碳的相对含量非常之高这一事实推断出，苯应当是一种极不饱和的有机化合物。但苯的反应能力与脂肪族中不饱和化合物相差甚远。这就说明苯一定有着与一般含有双键或叁键的脂肪族化合物不同的特殊结构。那么它的结构又该是怎样的呢?

1854年，法国化学家劳伦在《化学方法》一书中把苯的分子结构画成了六角形。1861年，当时是中学教师的奥地利化学家洛希米特在《化学研究》一书中首次提出了苯的单双键交替结构，并画出了苯的圆环状结构，同时还画出了120个含苯环的有机物的结构式，但他的成果未受到重视。

1865年，德国化学家凯库勒在分析了大量的实验事实和前人的研究成果之后认为：苯是一个很稳定的"核"，6个碳原子之间的结合非常牢固，而且排列十分紧凑，它可以与其他碳原子相连形成芳香族化合物。接着，凯库勒集中精力研究这6个碳原子的"核"。凯库勒先后提出了多种开链式结构，但又因其与实验结果不符而被一一否定。

凯库勒塑像Ⓨ

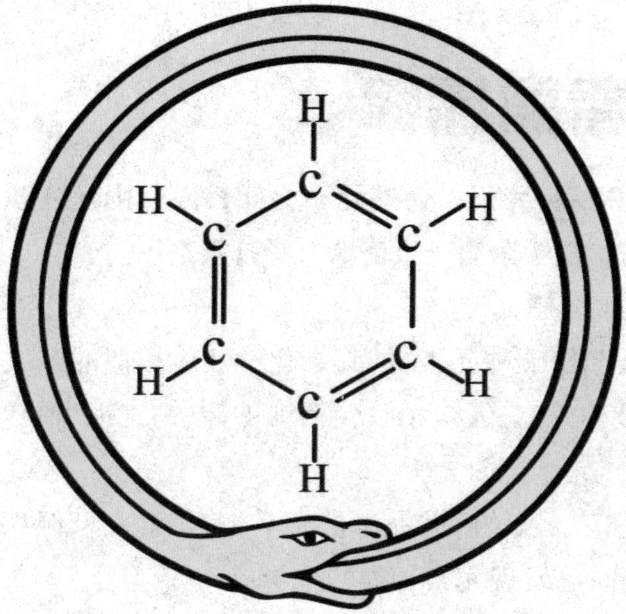

凯库勒从梦中得到启发提出苯的结构式 ⓞ

关于凯库勒悟出苯分子的环状结构的经过，一直是化学史上的一个趣闻。据他自己说这来自于一个梦。一天他在打瞌睡的时候，眼前又出现了旋转的碳原子。碳原子的长链像蛇一样盘绕卷曲，忽见一蛇咬住了自己的尾巴，并旋转不停。他像触电般地猛醒过来，立即整理苯环结构的假说，最终发现闭合链的形式是解决苯分子结构的关键。凯库勒认为，苯分子这种封闭式单双键交替形成的结构，既能满足碳原子是4价的要求，又符合分子式C_6H_6的要求。至此，人类经过长时间的探索，终于找到了相对合理的苯的结构式。

凯库勒能够从梦中得到启发，一方面得益于前人不懈的努力和智慧的共享，另一方面也得益于他本人扎实的化学知识与研究经验的积累，得益于他独立的思考和追求真理的不懈努力。

他的研究成果以《论芳香族化合物的结构》为题发表在《法国化学会通报》上。凯库勒结构的提出是有机化学发展史上的一块里程碑，它打开了芳香族化学的大门，促进了染料、制药工业的发展。

不过，在此后，人们又发现了用凯库勒式无法解释的苯的实验事实和数据，这说明凯库勒式还不能完全表达苯的结构。随着量子力学在化学领域的应用，人们才发现，苯分子是由6个具有sp^2杂化轨道的碳原子通过σ键结合的一个六元环，每个碳原子上未参与杂化的p轨道从侧面相互重叠，形成一个封闭的大π键，并垂直于碳环的平面。这样，就使π电子云高度离域，达到完全平均化。因此，苯分子中的键角都是120°，碳碳键键长相等，没有单双键的区别。现在，苯分子结构习惯上仍用凯库勒式表示。

1869年

门捷列夫提出元素周期律

到19世纪初，人们已发现了50多种元素。这些元素之间有没有内在联系呢？它们的性质变化有什么规律呢？科学家们一直在努力寻找答案。

1829年，德国化学家德贝赖纳选出15种元素，把其中化学性质相似的归成一组，共分成5组，一组3种元素，被称为“三元素组”，包括锂钠钾、钙锶钡、磷砷锑、氯溴碘等。

1864年，德国化学家迈耶尔把“三元素组”进一步扩充至“六元素表”，但六元素表所列出的元素种类还不及当时已发现元素种类的一半。

1865年，英国化学家纽兰兹又把“六元素表”扩大为八个元素一组，称为“八音律”。纽兰兹将元素按相对原子质量的大小排列时，发现排列到第九种元素就会出现与第一种元素性质类似的现象。

元素周期性研究的集大成者是俄国化学家门捷列夫。门捷列夫在前人探索的基础上，做了更为细致的分析。他将每一种元素的化学符号、相对原子质量、化学性质、化合物化学式等信息写在一张张纸牌上，进行系统分类整理，不断地改变分类的依据，试图从杂乱无章的、孤立的元素卡片中找到内在的规律。经过长时间的研究，他发现：当元素按相对原子质量大小排列时，元素的性质发生有节奏的变化。他迅速地抓起记事簿，在上面写道：“根据元素相对原子质量及其化学性质的近似性试排元素表”。

门捷列夫Ⓟ

在门捷列夫时代，没有任何原子结构的知识，已知元素只有63种，而且当时公认的许多元素的相对原子质量和化合价是错误的，确定元素在序列中的次序——原子序数是十分困难的。门捷列夫通过对比元素的性质和相对原子质量的大小，重新测定了一些元素的相对原子质量，先后调整了17种元素的序列。例如，门捷列夫利用他人的成果，确认应将铍的相对原子质量从14纠正为9，使元素按相对原子质量递增的序位从H—Li—B—C—N—Be—O—F纠正为H—Li—Be—B—C—N—O—F。

经过诸如此类的元素顺序调整，元素性质的周期性递变规律才呈现出来：从锂到氟，金属性逐渐下降，非金属性逐渐增强，从典型金属递变为典型非金属。序列中元素的化合价的渐变规律也得以显露：从锂到氮，正化合价从+1递增到+5；从碳到氟，负化合价从−4变为−1。

ОПЫТЪ СИСТЕМЫ ЭЛЕМЕНТОВЪ.

ОСНОВАННОЙ НА ИХЪ АТОМНОМЪ ВѢСѢ И ХИМИЧЕСКОМЪ СХОДСТВѢ.

			Ti=50	Zr=90	?=180.
			V=51	Nb=94	Ta=182.
			Cr=52	Mo=96	W=186.
			Mn=55	Rh=104,4	Pt=197,4.
			Fe=56	Rn=104,4	Ir=198.
			Ni=Co=59	Pl=106,6	Os=199.
H=1			Cu=63,4	Ag=108	Hg=200.
	Be=9,4	Mg=24	Zn=65,2	Cd=112	
	B=11	Al=27,4	?=68	Ur=116	Au=197?
	C=12	Si=28	?=70	Sn=118	
	N=14	P=31	As=75	Sb=122	Bi=210?
	O=16	S=32	Se=79,4	Te=128?	
	F=19	Cl=35,5	Br=80	I=127	
Li=7	Na=23	K=39	Rb=85,4	Cs=133	Tl=204.
		Ca=40	Sr=87,6	Ba=137	Pb=207.
		?=45	Ce=92		
		?Er=56	La=94		
		?Yt=60	Di=95		
		?In=75,6	Th=118?		

Д. Менделѣевъ

门捷列夫的元素周期表Ⓟ

门捷列夫于1869年发表了第一张元素周期表，发表了论文《元素属性和相对原子质量的关系》，文中指出："按照相对原子质量大小排列起来的元素，在性质上呈现明显的周期性规律，这种规律称为元素周期律。"体现元素周期律的表称为元素周期表。几乎与门捷列夫同时，迈耶尔也发现了周期律，而且两人都是在编写教科书时完成这一重大发现的。但在对周期律的认识上，门捷列夫更为全面、透彻，他果断地修正了一些元素的相对原子质量，改排了一些元素的次序。门捷列夫还敏感地认识到当时已知的63种元素远非整个元素大家族，他大胆地预言了11种尚未发现的元素，为它们在相对原子质量序列中留下空位，预言了它们的性质，其中绝大部分后来被事实所证实。

在后来的100多年间，元素周期表的形式变动了数百次。例如，元素周期表一开始没有稀有气体元素，后来根据新的化学发现将它们加了进去。1905年，瑞士化学家维尔纳制成了现代形式的元素周期表。

元素周期律深刻地揭示了元素之间的内在联系，因而是自然界最重要的规律之一。元素周期表是对化学研究基本成果最简洁的记录，它提供了极为丰富的化学信息，可用来预测和系统掌握元素及其化合物的各种性质。

1869年
发现丁铎尔现象

1869年，英国科学家丁铎尔发现，当强光线通过胶体时，从侧面可以看到一道光束。而同样用强光线照射溶液或悬浊液时却没有这一现象。

在光的传播过程中，光线照射到分散质的颗粒时，如果颗粒直径比入射光波长大很多，则发生光的反射；如果颗粒直径小于入射光波长，这时观察到的是光波环绕微粒而向其四周放射的光，也就是发生了光的散射。通常可见光波长为400—700纳米，而胶体粒子大小在1—100纳米。可见胶体中的分散质胶粒直径小于入射光波长，当光线通过胶体时，胶粒引起了光的散射，因此在入射光的侧面就可以看到由于胶粒对光的散射而形成的光亮的通路。这个现象就叫丁铎尔现象。对于溶液来说，由于溶质分子或离子都非常小，而散射光强度随着散射粒子体积的减小而明显减弱，所以当光线通过溶液时几乎观察不到散射现象。因此丁铎尔现象是区别胶体和溶液的最有效也是最简单的方法。

在自然界中，丁铎尔现象是十分普遍的。天空之所以是蔚蓝的，是因为天空中悬浮着许多尘埃和小水滴，它们和大气形成气溶胶，对阳光产生散射，所以天空呈蔚蓝色。清晨，在茂密的树林中，常常可以看到从枝叶间透过的一道道光柱，这种自然现象，也是丁铎尔现象。这是因为云、雾、烟尘也是胶体，只是这些胶体的分散剂是空气，分散质是微小的尘埃或液滴。再如，吸烟者吐出的烟雾从侧面看是淡蓝色的，这也是丁铎尔现象造成的。

蓝玻璃中的丁铎尔现象：从侧面看玻璃呈蓝色，而穿过玻璃的是橙色光⓪

1873—1878 年

吉布斯推进经典热力学

在纷繁复杂的化学反应中，为什么有些反应可以自发产生，有些则不行？化学反应的方向性究竟由什么因素来决定？反应的限度又有着什么样的规律？19 世纪末期经典热力学的发展回答了这些问题。

吉布斯Ⓟ

美国理论物理学家吉布斯是在热力学领域作出划时代贡献的科学家之一。他对物理学和数学均有广泛研究，在热力学和统计物理学方面取得了很大成就。

1873—1878 年，吉布斯在耶鲁大学任数学物理教授期间，相继发表了三篇极具理论价值的学术论文：《流体统计学的图解法》、《物质热力学性质的几何曲面表示法》和《关于复相物质的平衡》。在这三篇论文中，吉布斯以严密的数学形式和严谨的逻辑推理，导出数百个公式和推论；他对经典热力学规律进行了总结，从理论上全面地解决了热力学体系的平衡问题，从而将经典热力学原理推向成熟阶段。

在第一篇论文中，吉布斯从对熵这个重要概念的深刻理解出发，用系统系数的变化表示系统内能的变化，得出热力学基本方程 $dU=TdS-pdV$；并以熵和温度为热力学坐标，构建了热力学状态的二维图示法；这种温熵图可以同时表示出系统所吸收的热以及所做的功，因此至今还被广泛应用于热工计算。

在同年发表的第二篇论文中，吉布斯进一步提出利用几何曲面描述体系热力学性质的创新思想。他将坐标扩展为三个：内能、体积和熵。据说英国著名物理学家麦克斯韦对吉布斯三维图的思想赞赏不已，并亲手做了一个石膏模型寄给吉布斯。吉布斯提出的这种方法也能应用于当物质的几个部分分别处于不同态时的描述，这样就可以利用热力学曲面来讨论一种纯物质的复相平衡以及在一定温度和压力下这些态的稳定性。

1876—1878年，吉布斯分两部分发表了他的第三篇论文。文章中提出了描述物相变化和多相物系平衡条件的重要规律——相律。相律表示平衡体系中的相数φ、独立组分数K和自由度f及影响体系平衡状态的外界因素（如温度、压力等）之间的关系，其表达式为$f=K-\varphi+2$，式中2表示只考虑影响体系平衡状态的外界因素是温度和压力的情况。

耶鲁大学斯隆物理实验室（吉布斯曾在此从事研究工作）Ⓦ

吉布斯还提出了自由能和化学势。此前，人们用熵变作为孤立体系自发过程的方向和限度的判据，但是孤立体系的情况并不多见，计算又相当困难。考虑到大多数的化学反应在恒温恒压下进行，只做体积功而不做其他功，故可用吉布斯自由能的变化来判断过程的方向和限度。吉布斯自由能减少时，反应能自发进行；吉布斯自由能增加时，反应不能自发进行；吉布斯自由能不变时，反应处于平衡状态。

除此之外，他还在热力学系统中考虑了化学、引力、应力、表面张力、电磁和电化学等因素的作用，极大地扩展了热力学的应用范围。

吉布斯的青铜纪念像Ⓦ

吉布斯在研究中擅长从简单性和统一性出发，正确地归纳出基本概念，运用演绎推理，建立起严密的理论体系。吉布斯抽象、简练的讲课风格和纯数学推导式的写作风格让人感觉晦涩难懂；加之他本人性格内向，内心宁静而恬淡，笃志于科研事业而从不炫耀自己的成就，因此他的工作没有得到美国同时代人的充分理解和重视。除了受到麦克斯韦的高度重视外，他的研究成果在欧洲大陆也鲜为人知。直到20世纪，其成就的深远意义才逐渐显露出来。

1874年
范托夫开创立体化学

荷兰化学家范托夫是首届诺贝尔化学奖获得者。他在立体化学、化学动力学和溶液渗透压等众多化学领域都做出了先驱性工作。1874年，他提出了碳正四面体构型学说，同年，又发现了几何异构现象，开创了以有机化合物为研究对象的立体化学。

范托夫Ⓟ

范托夫从小就对化学实验有着浓厚的兴趣，作为医生的父亲经常在实验室配制药品，这引起他强烈的好奇心。在中学读书时，有一次因为深夜偷偷进入实验室做实验违反了校规，老师请范托夫的父亲到学校谈话。没想到这次谈话竟然让父亲认识到儿子真心热爱化学实验。回家后父亲为范托夫整理出了一间小实验室，满足了孩子科学探究的兴趣，这让范托夫欣喜若狂。不过迫于当时的社会环境和家庭的压力，范托夫在进入大学时放弃了心爱的化学专业而选择学习工艺技术。但他对化学的热爱不但没有减退，反而更加强烈。在大学学习期间，除了完成专业课程，他还坚持化学学习，并在老师的建议下，学习了许多数学知识，为以后在化学上取得更高的成就打下了基础。

1873年，范托夫来到法国巴黎师从著名化学家伍兹，并在那儿结识了法国化学家勒贝尔，自此步入了他化学研究历程中的第一个高峰期。范托夫和勒贝尔对为什么某些有机化合物会产生旋光异构现象的问题，进行了深入的实验探索。有一天，范托夫在图书馆里研读关于乳酸研究的一篇论文，他随手在纸上画着乳酸的化学式，突然联想到将分子中心的碳原子上的不同取代基都换成氢原子，乳酸分子就变成了甲烷。那么甲烷分子中的氢原子和碳原子是如何排布的呢？它们都位于同一平面吗？具有良好数学和物理学基础的范托夫马上意识到它们不可能排布在同一平面，而是应以能量最小的状态排布，那么只有当四个氢

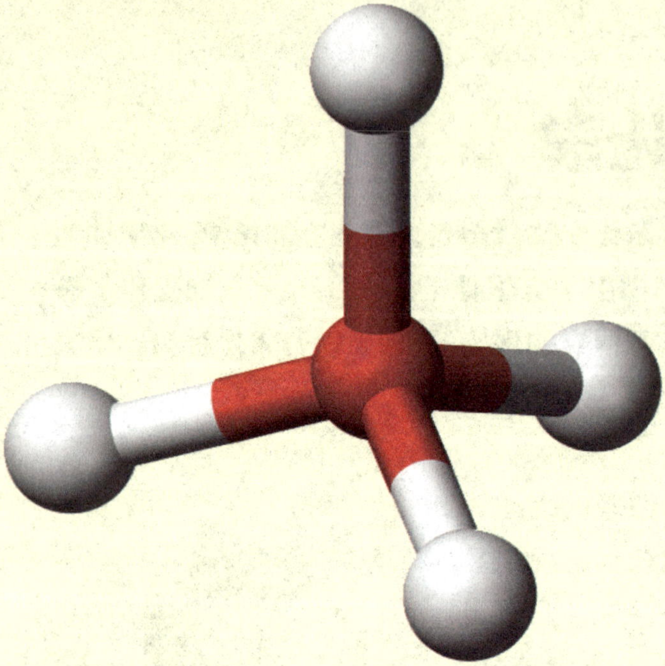

甲烷分子的正四面体球棒模型⓪

原子均匀地分布在碳的周围空间，能量才趋于最小值。这样甲烷分子会是怎样的构型呢？范托夫猛然意识到应该是“正四面体”。

1874年，范托夫和勒贝尔分别提出了碳的正四面体构型学说。该学说认为，碳原子与其他4个原子（或基团）结合时，碳原子位于一个正四面体的中央，4个原子（或基团）分别位于四面体的4个顶角。范托夫在其论文《立体化学引论》中首次提出不对称碳原子（手性碳）的概念。他把联结了不同的四个原子（或基团）的碳原子称为不对称碳原子。这时形成的两个异构体以镜面为对称互为映像，像人的左右手一样，这就是对映异构，也称为旋光异构。这一学说圆满地解释了右旋酒石酸和左旋酒石酸等旋光异构现象，同时也可以解释为什么有些物质没有旋光异构的问题。例如，只有一种二氯甲烷分子，这是因为两个氯原子位于正四面体的两个顶点，只可能相邻不可能相对。只有1个碳原子联结的4个原子（或基团）不同，才会得到旋光性不同的异构体，产生旋光异构现象。范托夫还预言1个有机化合物如有n个不对称碳原子，它必有2n个旋光异构体。

同年，范托夫还发现了几何异构现象。几何异构又称顺反异构，是在有碳碳双键或环状结构的分子中，由于与碳碳双键或环状联结的原子（原子团）的自由旋转受到阻碍，存在不同的空间排布而产生的立体异构现象。范托夫发现马来酸（顺丁烯二酸）和富马酸（反丁烯二酸）的分子式相同，但熔点和稳定性不同。他是这样解释这种现象的：把围绕分子中的两个碳原子的两个四面体结构沿四面体的一边联合在一起，表示不能自由旋转的双键，然后把氢原子和羧基分别安置到这个模型中去，就可以得到彼此不能重合的两种构型，分别对应于马来酸和富马酸，所以这两种酸的物理性质有差异，稳定性也不相同。

1884年

范托夫定义反应速率常数

化学热力学解决了物质在化学反应过程中的平衡问题，而化学反应的快慢则是化学动力学要研究的问题。在化学动力学领域作出开创性贡献的科学家是范托夫。

1877年，范托夫受聘到阿姆斯特丹大学从事教学和研究工作。当时对化学反应能力的描述一般是用“亲和力”和“化学力”等模糊不清的概念。它们基本上没有定量地说明化学反应快慢与哪些关键因素有关系。

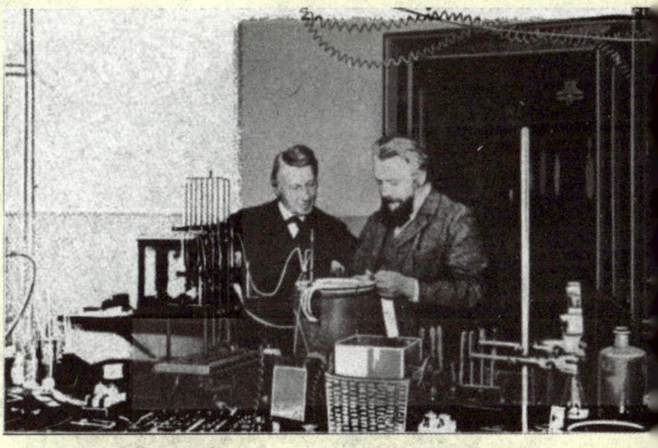

物理化学的奠基人——范托夫(左)和奥斯特瓦尔德 Ⓟ

1884年，范托夫发表了学术专著《化学动力学研究》，首次推导出反应速率的公式，定义了反应速率常数的概念。他指出温度每升高10摄氏度，反应速率常数增加约2—4倍。反应速率常数的提出使得测定化学反应的级数，确定化学反应的快慢成为可能。

该著作面世初期，很多读者感到难以读懂，这是由于该书包含了大量严密的逻辑推导和数学公式，而1880年代的化学家大都还不具备良好的数学基础。但正是这本令人费解的著作打开了通往化学动力学的大门。

现在我们知道，不同化学反应(或者元素衰变反应)的速率差别通常极大。慢的反应其时间可以年计，例如放射性元素镭衰变为氡的一级反应要经过1690年才能进行一半，这相当于速率常数k等于1.3×10^{-11}秒$^{-1}$。但快的反应其时间可以秒、毫秒甚至更小的单位表示。例如用0.1摩/升强酸滴定0.1摩/升强碱的反应，其反应时间由于太短而无法测量。因此，了解一种化学反应的速率具有很大的实践指导意义。

范托夫的《化学动力学研究》是化学动力学领域的第一本学术著作，给物理化学的发展带来了深远的影响，至今它仍被用作化学动力学教科书的主要内容。

1884年

阿伦尼乌斯提出电离学说

19世纪初，人们已经注意到电解质（酸、碱、盐）的水溶液的导电问题。早期法拉第的电解理论认为电解质在电流的作用下可以分解出阳离子和阴离子。在较长一段时间内，科学界普遍认同溶液中的带电离子只有在电流的作用下才能产生。

阿伦尼乌斯Ⓟ

瑞典化学家阿伦尼乌斯从德国物理学家克劳修斯的盐溶液电导性的研究工作中得到启发，于1884年对电解质的电离提出了完全不同的观点，在当时的科学界激起轩然大波。

克劳修斯通过实验发现，无论多么弱的电力都能驱使电流通过盐溶液，据此克劳修斯推断即使没有电流作用，盐溶液中可能也会有带电离子产生。这一观点引起了阿伦尼乌斯的极大关注。从1882年秋开始，他对溶液的导电性进行了一系列细致的测量，发现浓度对许多稀溶液的导电性影响非常大，稀溶液的导电性明显高于浓溶液数倍。那么为什么纯净的水不导电，纯净的固体食盐也不导电，而将食盐溶解在水中就导电了呢？是不是氯化钠不需要通过电流的作用，直接放在水中就能分离成氯离子和钠离子呢？如果是这样，那么人们在饮用盐水时就将氯喝进了体内。众所周知，氯气是一种有毒气体，那么为什么人们从来没有因为喝盐水而中毒呢？这一系列问题困扰着阿伦尼乌斯，他设想的新观点不仅要推翻传统的科学观点，还要与人们的日常认知相抗争。

阿伦尼乌斯在获得大量实验数据后，于1884年公开发表了自己的研究成果。他撰写了两篇论文，一篇题为《电解质的电导率研究》，叙述和总结实验测量和计算的结果；另一篇题为《电解质的化学理论》，阐述电离理论的基本思想。两篇论文于1884年6月经瑞典皇家科学院讨论后发表在《皇家科学院论著》上。

在论文中，阿伦尼乌斯认为，由于溶剂的作用，电解质在溶液中自动离解成带正、负电荷的质点(离子);正、负离子不停地运动,相互碰撞时又可结合成分子,所以溶液里的电解质可能只是部分电离,电离的百分率叫电离度。溶液越稀,电离度就越大。在直流电场作用下,正、负离子各向一极移动,电解质溶液能导电就是因为离子的这种运动。

虽然阿伦尼乌斯的电离学说只适用于弱电解质溶液,但它勇敢地突破了当时流行的观点,否定了通电流后电解质才离解的传统看法。该学说可以解释电解过程和各种溶液中的反应热(如中和热),分析沉淀、水解、缓冲作用、指示剂的变色及酸碱强度等,使人们对电解质溶液的认识向前推进了一步。

这一学说的提出带动了一系列相关研究工作的发展,与阿伦尼乌斯同时代的荷兰化学家范托夫的渗透压理论在电离学说的支持下才获得了学术界的理解和认可。德国化学家奥斯特瓦尔德在电离学说的基础上提出稀释定律,用电离平衡理论解释了酸碱指示剂的变色机理,研究了酸的电导率、溶液的黏滞性和纯水的电离等。

电离学说是物理化学发展初期的重大发现之一,它提出初期遭到了许多化学家和物理学家的质疑,但事实证明,它是阿伦尼乌斯留给人类最珍贵的科学遗产,也是搭建在物理和化学之间的一座重要桥梁。阿伦尼乌斯也因电离学说获得了1903年的诺贝尔化学奖。

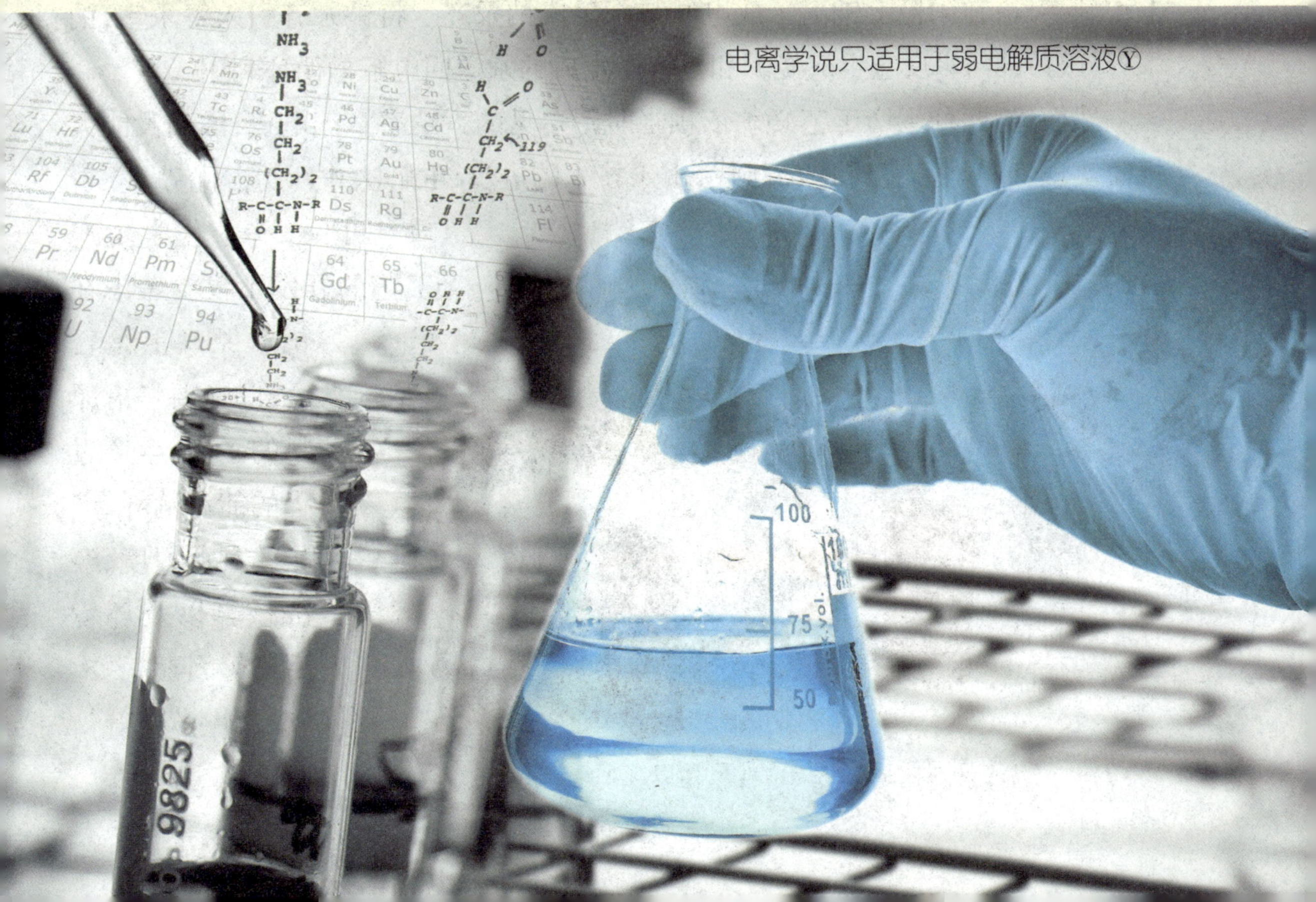

电离学说只适用于弱电解质溶液Ⓨ

1884—1892年

烧碱工业兴起

烧碱就是实验室中广泛使用的氢氧化钠(NaOH),它是一种重要的化工原料,在玻璃、造纸、化学纤维、染料、肥皂等产品的生产中都要用到。早在1884年,工业上就开始用石灰乳($Ca(OH)_2$)和纯碱(Na_2CO_3)溶液反应的方法(苛化法)生产烧碱。

用苛化法生产烧碱,需消耗另一重要化工产品纯碱,这无疑增加了烧碱的生产成本。于是,欧洲开始采用电解食盐水的方法来生产烧碱。由于食盐是天然资源,且地球上大量存在,再加上采用此法获得烧碱的同时还可以得到氯气和氢气,而后者又是化学工业所需要的原料,因此,此法得到重视。但是此法的难点在于如何将阳极产生的氯气与阴极产生的氢气和氢氧化钠分开,以免发生爆炸。

1888年和1892年,欧洲克服了这个难点,相继发明了隔膜式电解槽和汞电解槽。前者以多孔隔膜将阴阳两极隔开,从而将阴阳两极产生的气体隔开。后者则没有隔膜,阳极采用石墨或金属制成,阴极则采用液态汞作电极。电解时,在阳极上得到氯气;在阴极上钠离子放电并与汞生成钠汞齐。将钠汞齐引入解汞室,钠汞齐分解,钠与水反应生成烧碱和氢气。生成的汞送回电解槽循环利用。

然而,这两种生产工艺必须依赖当时不多见的大功率直流电机,因而没能大规模实现工业化。直到1940年代,由于技术的进步,电解法才开始占优势。

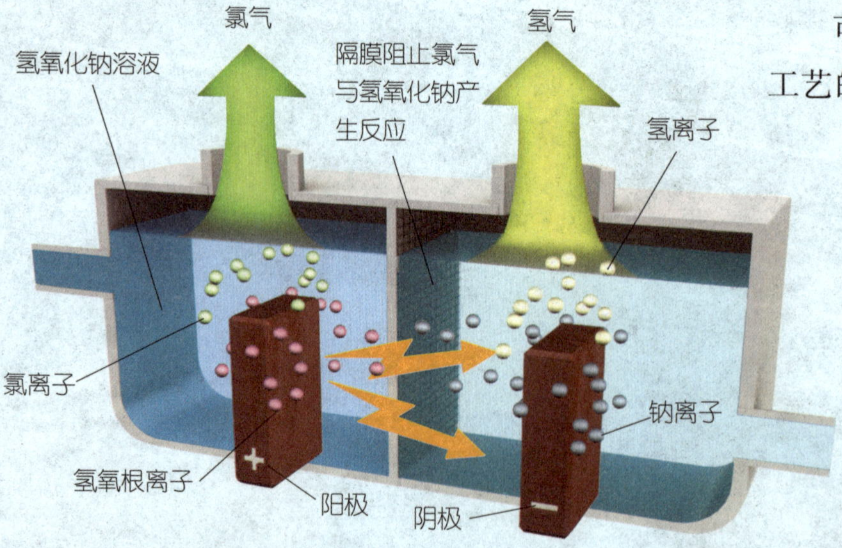

隔膜式电解法制烧碱©

可见,一个化学生产工艺的开发不仅要考虑在化学原理上是否合理,还要考虑原料的来源、生产过程的能源消耗、产品的利用程度、经济核算以及环境污染等因素。

1884—1909年

瓦拉赫开创萜类化学

很久以前，人们就发现许多天然植物能散发出迷人的香味，因此能从这些植物提炼出调味剂、植物精油等。那么，这些能散发出怡人香味的物质具有怎样的化学组分？能否通过人工方式制备呢？

1869年，后来成为德国著名化学家的瓦拉赫取得博士学位后，来到波恩大学凯库勒的实验室从事有机化学研究。凯库勒实验室的药品柜中摆放着具有各种颜色和气味的芳香精油，引起了瓦拉赫的兴趣。他非常想测定出这些物质的分子结构，但这项工作难度非常大，因为天然产物形成的混合物太复杂，以致无法将其分离。但瓦拉赫没有退缩，1884年，他着手解开这些混合物的结构之谜，此项工作持续了25年之久。

许多萜类来源于树脂Ⓦ

瓦拉赫经过反复细致的研究，成功找到了使这些精油类混合物相互分离的方法。他发现亚硝基氯等试剂可以和精油类混合物发生加成反应而生成固体产物，这样就可以通过结晶的方法进行提纯和分离。实验过程中他还证实，这些精油类混合物即使与最普通的试剂接触也很容易发生变化而相互转化，这就是精油类混合物的成分变化无常、难于分离和提纯的原因。

通过大量的实验研究，瓦拉赫确定精油类混合物中含有香茅烯、莰烯、柠檬萜烯等化合物。他命名了其中的萜烯和蒎烯。他分离得到了各种纯的萜烯，并测定了它们的结构，发现都含有异戊二烯单元。他发现，在强酸和高温作用下，萜烯能从一种类型转变成另一种类型，这为以后合成萜烯打下了基础。除萜烯外，他还研究了萜类化合物中的醇类、酮类等，这些化合物在生物技术中起到重要作用。

瓦拉赫的工作开创了萜类化学的先河，为香料工业的发展奠定了基础。瓦拉赫对萜类化学所作的巨大贡献使他荣获1910年诺贝尔化学奖。

1885年 范托夫提出渗透压定律

1901年，诺贝尔化学奖的第一道光芒聚焦在荷兰化学家范托夫身上。他的获奖理由是“发现了溶液中的化学动力学法则和渗透压规律以及对立体化学和化学平衡理论作出的贡献”。其中的“渗透压规律”指的是范托夫在深入研究溶液渗透压的基础上提出的渗透压定律。

范托夫Ⓟ

什么是渗透压呢？当某种隔膜把两种不同浓度的溶液隔开时，水能够通过隔膜，其他粒子不能通过，因此到达平衡时膜两侧的溶液产生了压力差。这个压力差便是渗透压，而这种隔膜被称为半透膜。正是由于这种压力差，植物中的树液可以上升到最高的枝端。由于细胞膜是理想的半透膜，因此渗透压广泛地存在于植物和动物的日常代谢和生长过程中，对生命体起着重要作用。早在1877年，德国植物学家普费弗首次测定了这个渗透压，结果显示，渗透压出乎意料的大，在浓度为1%的蔗糖溶液中，渗透压达到了2/3个大气压。

那么,渗透压与溶液的浓度、温度等相关因素间究竟存在什么样的关系呢?范托夫对这个问题产生了浓厚的兴趣。他先是发现，在充分稀释的溶液中渗透压几乎与气压相等。但随后,他又发现上述结论只适用于蔗糖等有机物稀溶液，对于一些酸、碱、盐电解质来说并不符合。在这一类电解质溶液中渗透压比气压大出许多倍。

1885年，范托夫将他对于稀溶液渗透压的研究结果整理在论文《气体和稀溶液系统的化学平衡》中。文章中，范托夫用化学热力学解释溶液的渗透压。他

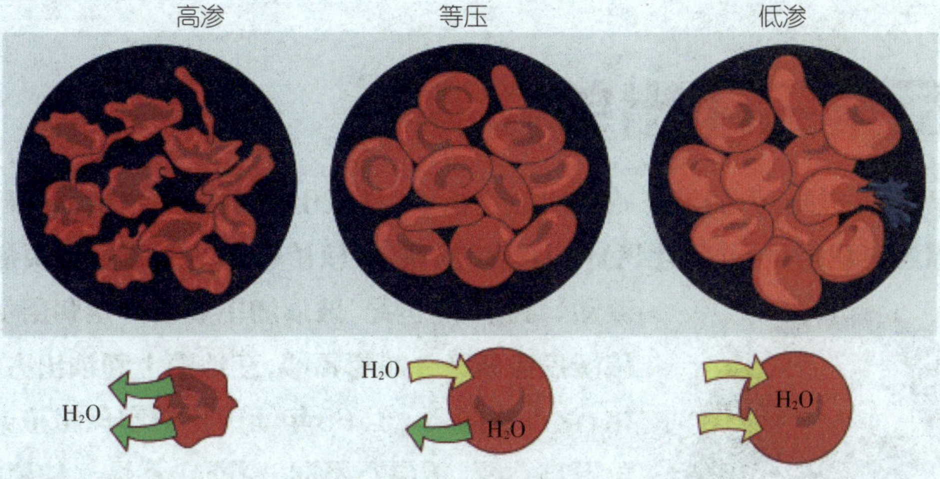

血红细胞中的渗透压⓪

指出，渗透压与温度的关系符合盖-吕萨克定律，即渗透压与温度成正比；渗透压与体积的关系符合玻意耳定律，即渗透压与体积成反比，也就是与浓度成正比。范托夫通过实验数据的计算发现，渗透压、体积与温度的比例常数近似等于理想气体常数R，说明阿伏伽德罗定律也适用于稀溶液。范托夫将稀溶液与理想气体进行类比，把溶质分子与气体分子相对应，认为气体分子撞击器壁产生气压，溶质分子撞击半透膜则产生渗透压。这样，他就建立起稀溶液理论，并推导出了渗透压公式：$\pi V=nRT$，或$\pi=cRT$。式中π为稀溶液的渗透压，R为理想气体常数。渗透压公式表明，在一定温度下，溶液的渗透压与单位体积溶液中所含溶质的粒子数(分子数或离子数)成正比，而与溶质的本性无关。

在解释溶液的渗透压时，由于理想的半透膜不容易找到，直接精确地测定渗透压很困难。范托夫联想到溶液的渗透压与其蒸气压之间可能存在某种联系，因此利用热力学方法，从渗透压公式导出了凝固点降低和蒸气压之间的联系。这个结果把与渗透压相关的各个经验定律统一起来，提供了通过测定凝固点或沸点来计算渗透压的有效方法，同时也进一步阐明了稀溶液理论的实际意义。

范托夫具有从实验现象中探索普遍规律的高超本领。他运用热力学作为研究工具，但又不简单套用热力学公式，而是通过类比和想象，分析前人的经验结论，再结合自己的研究，从中概括出新的概念和思想，在化学的多个领域取得了巨大的成就。

1886年
穆瓦桑分离出单质氟

早在16世纪，人们就开始利用氟化物了。1529年，德国冶金学家阿格里科拉就描述过利用萤石(氟化钙)作为熔矿的熔剂，使矿石在熔融时变得更加容易流动。到了17世纪，玻璃加工业者开始利用萤石与硫酸反应所产生的氢氟酸，在玻璃上刻蚀出人物、动物、花卉等图案。1768年德国化学家马格拉夫发现萤石与石膏、重晶石不同，判断它不是一种硫酸盐。他用浓硫酸处理萤石得到了氟化氢。后来，很多化学家研究了氢氟酸，发现它的性质很像盐酸，但比盐酸更稳定，且有剧毒。此后，许多化学家试图从氢氟酸或其他的氟化合物提取单质氟，但都失败了，有些还因此中毒，甚至献出了生命。

穆瓦桑Ⓟ

19世纪初以来，人们付出了无数的心血乃至生命的代价，都没有制得单质氟，氟的“死亡元素”之称不胫而走，提取氟一时成为化学界的禁区，人人“谈氟色变”。1876年，法国青年学者穆瓦桑注意到了这一挑战性课题。当穆瓦桑了解到科学家前辈们制取单质氟的艰辛过程后，不仅没有被吓倒，反而坚定了其从事这一研究工作的决心。穆瓦桑研读了大量科学文献。前辈们失败的实验过程中包含着许多宝贵的经验和教训，这些都为穆瓦桑探索制取单质氟之路提供了帮助。

穆瓦桑首先计划通过氟化磷来制取单质氟，但在制取氟化磷的过程中碰到了困难。氟化铅与磷化铜反应后没有按原计划生成氟化磷，而是生成了氟氢化磷。这一实验方案失败后，穆瓦桑设想采用电解剧毒物质氟化砷来制取单质氟，但随即又碰到氟化砷不导电的困难。穆瓦桑尝试在液体氟化砷中加入少量氟化钾，电解液不导电的问题解决了，但电极上析出了砷，而并非单质氟。这次实验中，穆瓦桑的身体出现了呼吸困难和心脏病发作等严重的中毒反应，导致试验暂停。

多次实验失败后，穆瓦桑又回到用氢氟酸电解制备单质氟的思路上。穆瓦

穆瓦桑在进行化学实验Ⓟ

桑发现铂铱合金所制的电解槽及电极不受氟气的侵蚀。他想，如果在无水氟化氢液体中溶解一些氟化钾，并在低温下电解该溶液，氢气可能就会自阴极放出，氟气则自阳极放出。

也许历史永远会记得这一天——1886年6月26日，穆瓦桑在历经无数次实验失败后，终于通过这一方法在-25℃的低温下成功制取出卤素氟的单质。一种淡黄色的气体——氟气，第一次出现在世人的面前。此时距科学家们初次尝试实验制取单质氟已经过去了3/4个世纪，穆瓦桑投身到这项危险的实验工作中也已经10年有余，其间穆瓦桑在实验中曾四次中毒，身体健康受到严重损害。

穆瓦桑在分离出单质氟之后，还制备出许多新的氟化物，如气态的氟代甲烷、氟代乙烷、异丁基氟。1890年，他通过碳与氟的反应制备了许多氟碳化合物，其中最引人注目的是四氟化碳（CF_4），这是20世纪合成高效致冷剂氟碳化合物（氟里昂）的先声。他将研究成果写成了《氟及其化合物》一书，这是一本研究氟的制备及其氟化物性质的开山之作。1891—1892年，穆瓦桑研究了纯硼的制备，在氢气氛下用金属镁还原三氧化二硼制得了纯度为99%的单质硼。他还发明了高温电弧炉，使化学反应能够在2000℃下进行，从而开辟了高温化学这一新的领域。凭借上述杰出的成就，穆瓦桑获得1906年诺贝尔化学奖。

1886年
霍尔发明电解制铝方法

铝在地壳中的含量仅次于氧和硅，居第三位，是地壳中含量最丰富的金属元素。铝的蕴藏量虽然丰富，但由于其化学性质较为活泼，多以化合物形式(如铝土矿等)存在，而少以单质形式存在，且铝化合物的氧化性很弱，铝不易从其化合物中被还原出来，因而从铝矿中把铝提炼出来是极其困难的。19世纪时铝是一种非常珍贵的金属，其价格甚至高过黄金和铂。1855年巴黎世界博览会就曾将一块铝和法国的皇冠珠宝一起展出，而拿破仑三世的铝餐具也只有在最尊贵的客人出席时才使用。到1884年建造华盛顿纪念碑顶部的铝制金字塔时，铝的价格仍然和银相当。

霍尔Ⓟ

1825年，丹麦化学家奥斯特分离出少量的纯铝。1827年，德国化学家维勒从铝矾土中提炼出氧化铝，将其用金属钾进行还原，得到了金属铝。由于金属钾价格昂贵，所以维勒的制铝法无法用于大规模生产。27年之后，法国化学家德维尔用金属钠还原氯化钠和氯化铝的熔盐，获得了闪耀着金属光泽的小铝球。改用金属钠虽然极大降低了铝的生产费用，但到1857年铝的年产量也只有750千克，并且只有法国能够生产，所以仍然无法达到让人们普遍使用铝的程度。

到1884年，美国奥伯林学院化学系一名叫霍尔的21岁青年学生，意识到只有探索出廉价的炼铝方法才能使铝获得普遍应用。他在自家柴房中建了一个实验室，想根据电流通到熔融金属盐中可使金属离子在阴极上沉积下来的原理提炼铝 。氧化铝的熔点很高(2050℃)，所以霍尔必须寻找一种能溶解氧化铝而又能降低其熔点的材料，他偶然发现冰晶石是合适的材料。冰晶石-氧化铝熔盐的熔点仅在930—1000℃之间，在电解温度下冰晶石不仅不会分解，而且具有足够的流动性，非常有利于电解。

霍尔制得的铝球Ⓟ

霍尔用瓷坩埚、炭棒(阳极)和自制电池,对氧化铝进行电解。他把氧化铝溶解在10%—15%的熔融冰晶石里,再通电流,却没有发现金属铝析出。他推测这是由于电流使坩埚中的二氧化硅分解而游离出硅的缘故。于是,霍尔对电池进行了改装,用炭作坩埚衬里,又将炭作为阴极。1886年2月的一天,他终于看到小球状的铝聚集在阴极上。当时尚未满23周岁的霍尔激动异常,带着制得的一把金属铝球去见他的教授。这些铝球至今仍珍藏在美国制铝公司的陈列厅中。后来他继续努力,最终得到了铝锭。1886年7月9日霍尔为他的方法申请了专利。

在霍尔申请专利几周后,法国人埃鲁几乎与他同时发现了这个方法。埃鲁在法国也同样申请了专利。两个发明家彼此并不知情,并由此带来了法律上的争端。所幸他们最后和解并联合起来。这个生产方法后来被命名为霍尔-埃鲁法。

廉价的电解制铝方法的发明,终于使铝成为能够让人类普遍使用的重要材料之一。

1887年,奥地利工程师发明了拜耳法,可以将铝土矿转化成纯氧化铝,相对于铝土矿,使用纯氧化铝为原料可以提高霍尔-埃鲁法的效率。拜耳法和霍尔-埃鲁法联用,加之电力成本的降低,使铝得以大量生产,最终成为仅次于钢的常用金属材料。这一发明也让德国工程师容克斯可以利用铝和铝合金于1915年设计出全金属飞机。1911年,霍尔的辉煌成就为他赢得了美国化学工业最高奖——珀金奖章。

1886年

理查兹精确测定元素的相对原子质量

在1814年贝采里乌斯发表第一张相对原子质量表之后的近一个世纪里，一代又一代化学家为更精确地测定相对原子质量进行了不懈的努力。他们用化学方法分析多种纯盐类化学组成，测得某一元素的化合量，从而计算得出该元素的相对原子质量。美国物理化学家理查兹改进了前人采用的重量法测定相对原子质量的技术，使相对原子质量的测量进入一个新的阶段。

在进行化学实验的理查兹 Ⓟ

继贝采里乌斯开创性的工作之后，比利时科学家斯塔先后测定了12种基本元素的相对原子质量，此后相当长一段时间内人们都使用斯塔提供的数据。

理查兹自1886年开始致力于对相对原子质量的精确测定。他早期的测定工作中也没有考虑到重新测量那些基本元素，而是将目光锁定在尚未测定的铜、钡、锶、钙等元素。但随着工作的深入，理查兹意识到那些基本元素的相对原子质量可能存在某些问题。1894年，理查兹在利用氯化物测定锶的相对原子质量时，发现他的测量值与斯塔的测量值之间有较大的出入：斯塔的测量值中钠的相对原子质量比他测得的要高，氯的相对原子质量比他测得的要低。他认为斯塔的测量值有偏差。

理查兹的这一看法在当时引起了极大的轰动，也引来了许多质疑的声音，但他坚持认为“某一元素所具有的许多性质中，相对原子质量应该是最确切、最精密的”，不应该有较大的偏差，并坚信斯塔的测量值是有问题的。为了让自己的结论更有说服力，他重新测定了除碳元素以外斯塔所测的全部其他元素。在重新测定的同时，理查兹也在寻找产生偏差的原因，他发现最大的偏差来源是在浓度过高的溶液中进行沉淀反应，反应中杂质混入，影响了计算结果。

重新测定的最终结果证实了他的结论，也让他得到了大多数基本元素的更精确的相对原子质量。理查兹因精确测定大量化学元素的相对原子质量而获得1914年诺贝尔化学奖，成为获此殊荣的第一位美国化学家。

1888年 勒夏特列原理提出

法国化学家勒夏特列一生发现、发明众多。他研究过水泥的煅烧和凝固、陶器和玻璃器皿的退火、磨蚀剂的制造等问题。但他最主要的成就是提出了著名的勒夏特列原理。

勒夏特列Ⓟ

勒夏特列在实验中注意到：对于复分解反应，只有当生成沉淀、放出气体和生成弱电解质等情况时，反应才能进行到底。而且，在一定温度下，当一个可逆反应到达平衡时，如果改变某一反应物或生成物浓度，就会导致其他反应物或生成物浓度发生改变，从而使平衡遭到破坏。

勒夏特列后来又发现，可逆反应到达平衡后，改变温度也会使平衡移动。例如在红棕色的二氧化氮(NO_2)生成无色的四氧化二氮(N_2O_4)的反应达到平衡后，升高温度，反应体系的颜色变深，表明平衡向逆方向移动。相反，降低温度，反应体系的颜色变浅，表明平衡向正方向移动。他认为，温度对平衡的影响与反应的吸、放热有关。如果正反应为放热反应，升高温度，反应将向减少热量的逆反应方向进行；降低温度，反应将向增加热量的正反应方向进行。

随后，勒夏特列试着改变其他条件，看看平衡是否发生变化。实验结果表明，对于有气体参与或生成的反应，改变压强也会使平衡移动。增大压强，反应会向气体体积减小的方向进行；减小压强，反应会向气体体积增大的方向进行。

1888年，勒夏特列在研究了各种因素对化学反应平衡的影响之后，总结出一条原理：当化学反应处于平衡时，如果改变影响平衡的一个条件，如浓度、温度或压强等，平衡就会向减弱这种改变的方向移动。这就是著名的化学反应平衡移动原理，通常称勒夏特列原理。

勒夏特列原理在化工上得到广泛应用，利用它能提高产量，降低成本。例如，在合成氨工业中，降低反应温度、提高压强都能使平衡向有利于合成氨方向进行，从而提高氨的产量。

1889年 阿伦尼乌斯提出活化能的概念和阿伦尼乌斯公式

1889年，瑞典化学家阿伦尼乌斯在试图解释反应速率受温度剧烈影响的物理意义时碰到了难题。正是这个难题的解决导致了活化能的概念及反应速率与温度的关系式的诞生。

当时有人认为温度升高导致反应速率提升的原因是温度影响了反应物分子的运动速度，从而改变了分子间的碰撞频率。但阿伦尼乌斯根据理论计算发现，温度每升高10℃，分子碰撞频率不过增加2%左右，而反应速率却增加12%，这似乎解释不通。于是他设想在反应体系中并不是所有发生碰撞的分子都能发生化学反应，而只有那些具有较高能量的分子才能发生有效碰撞，从而真正参与反应。这种分子被称为活化分子，它们超出普通分子的能量称为反应活化能。根据这个假设，阿伦尼乌斯于1889年指出，反应速率常数取决于活化分子浓度。反应速率与温度的关系式为：$k=A\cdot e^{-Ea/RT}$，式中k即反应速率常数，A是指前因子，Ea是反应活化能，R是理想气体常数，T是热力学温度。这就是著名的阿伦尼乌斯公式。

活化能的发现解决了化学动力学中的关键问题，使人们认识到原反应体系和产物体系之间存在着能垒，外界补充的能量高于这个能垒时，反应才能发生。也就是说从原反应体系到产物体系中存在着一个过渡状态，这个过渡状态和原反应体系的能量差就是活化能Ea，要使反应顺利进行就必须先使反应物“活化”起来。这个研究结论为人们有针对性地控制化学反应的发生指明了方向。

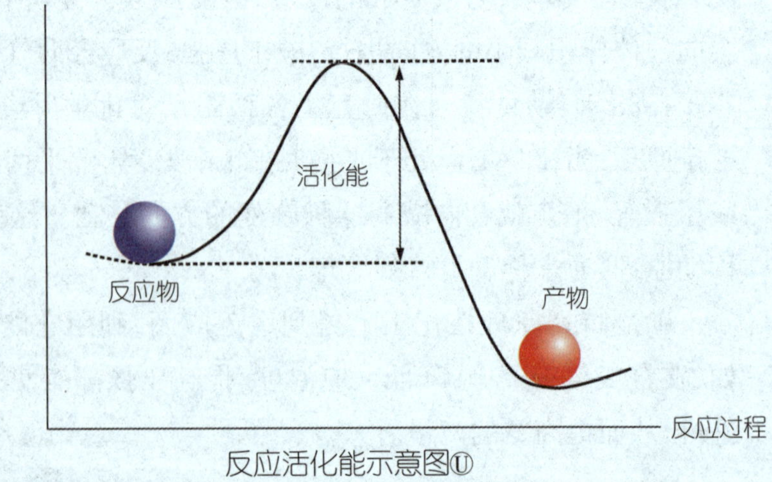

反应活化能示意图①

1892年

克罗斯等发明黏胶纤维

黏胶纤维简称黏纤，又称人造丝、冰丝、黏胶长丝，它是以棉或其他天然纤维为原料生产出来的一种人造纤维。

1891年，英国化学家克罗斯、贝文和比德尔发现用碱处理天然纤维素，在二硫化碳中溶解后得到的纤维素黄原酸钠溶液具有较大的黏性，因而将其命名为黏胶。他们发现黏胶有一个非常奇特的特性，当它遇酸后，纤维素会重新析出。他们意识到，利用这个特性来制备人造纤维，可能会带来巨大的经济价值。1892年，他们将研究成果和详细过程以专利的形式公布。

同在1892年，英国电气工程师斯特恩和托珀姆也在研究人造纤维的生产，他们研究的焦点是成丝过程和黏液的洗涤过程。1893年，斯特恩看到克罗斯等人的专利，觉得该专利具有很大的潜在市场。随后，他与克罗斯合作开发了生产黏胶纤维的工艺。

凝固浴是一种在制造化学纤维时，使纺丝胶体溶液凝固或起化学变化而形成纤维的浴液。制造黏胶纤维的过程中也要用到凝固浴。1905年，欧洲发明了制造黏胶纤维的凝固浴，它由稀硫酸和硫酸钠组成，硫酸钠使黏胶凝固，硫酸使纤维素黄原酸钠分解成纤维素。凝固浴的发明改善了黏胶纤维的生产工艺。该年，英国正式开始工业生产黏胶纤维。1911年，美国也开始了黏胶纤维的工业生产。黏胶纤维是最早投入工业化生产的化学纤维之一。由于吸湿性好，可纺性优良，黏胶纤维常与棉、毛或各种合成纤维混纺、交织，用于生产各类服装及装饰用纺织品。

黏胶纤维的原料是棉花等天然纤维⓪

1893 年
维尔纳提出配位学说

人们很早就开始在日常生活中接触配位化合物(简称配合物),比如杀菌剂胆矾和用作染料的普鲁士蓝。1798 年,法国化学家往 $CoCl_2$ 溶液中加入氨水,先是生成了 $Co(OH)_2$ 沉淀,继续加入氨水则 $Co(OH)_2$ 溶解,放置一天后又析出一种橙色晶体,经过分析得知是 $CoCl_3·6NH_3$。这说明 $Co(OH)_2$ 在过量氨的存在下被氧化成3价。起初,科学家把这种橙色晶体看成是 $CoCl_3$ 和 NH_3 这两种简单化合物组合起来的稳定性较差的化合物,但事实却相反,当把它加热到150℃时,却没有氨被释放出来。这一“奇异”的现象引起了科学家的注意。但科学家始终不明白原因。对于这些化合物中的成键情况,由于当时科学家还不了解成键作用的本质,只得借用有机化学的思想,认为这类分子为链状,只有末端的离子可以离解出来。然而这种说法不能解释许多事实,没有得到广泛认可。

维尔纳Ⓟ

1847 年前后,美国化学家根特进一步研究了三价钴盐与氨生成的几种化合物,并分析了它们的组成。结果表明:钴盐与氨的化合物不仅因氨分子的数量不同而有不同的颜色,而且钴氨盐中氯的行为也有所不同。例如:$CoCl_3·6NH_3$ 呈橙黄色,用 $AgNO_3$ 可以沉淀出3个氯;$CoCl_3·5NH_3$ 呈紫红色,用 $AgNO_3$ 可以沉淀出2个氯;$CoCl_3·4NH_3$ 呈绿色,用 $AgNO_3$ 只可以沉淀出1个氯。这表明由于氨的存在,钴与氯在这类复合物中结合也是很牢固的,而且其牢固程度会因氨的多少而变化。

1852年,弗兰克兰提出元素通常都有固定的化合价。元素在形成化合物时,根据正负化合价代数和为零的规则成键。但是,配合物却难以用化合价理论去解释。例如,$CoCl_3·6NH_3$ 中 Co 的化合价为+3,为什么化合价都已经满足的 $CoCl_3$ 和 NH_3 分子,却依然能够相互作用形成 $CoCl_3·6NH_3$ 分子呢?而且 $CoCl_3·6NH_3$ 还比 $CoCl_3$ 性质更稳定。

为了解释配合物的化学结构,科学家们提出了各种各样的观点。1893年,瑞士化学家维尔纳在总结前人研究成果的基础上，根据大量新的实验事实，提出了配位学说。

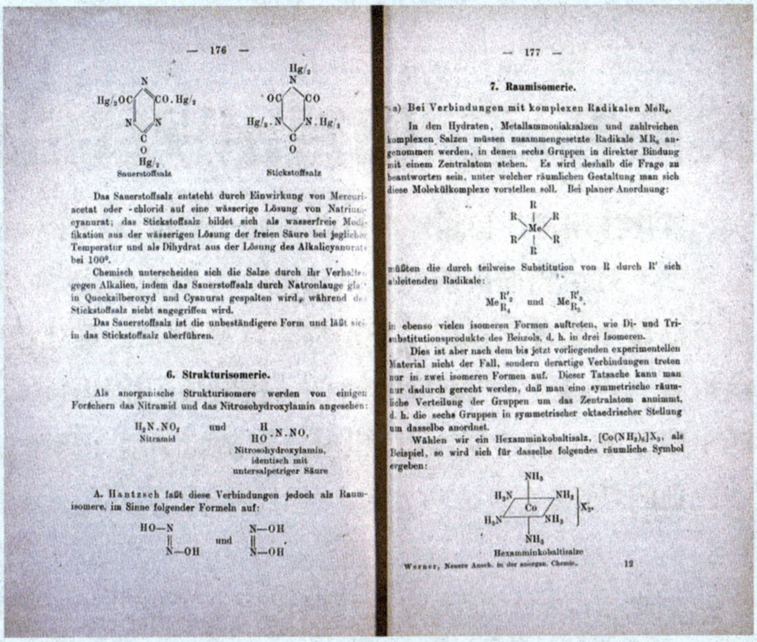
— 176 —

Sauerstoffsalz   Stickstoffsalz

Das Sauerstoffsalz entsteht durch Einwirkung von Mercuriacetat oder -chlorid auf eine wässerige Lösung von Natriumcyanurat; das Stickstoffsalz bildet sich als wasserfreie Modifikation aus der wässerigen Lösung der freien Säure bei jeglicher Temperatur und als Dihydrat aus der Lösung des Alkalicyanurats bei 100°.

Chemisch unterscheiden sich die Salze durch ihr Verhalten gegen Alkalien, indem das Sauerstoffsalz durch Natronlauge glatt in Quecksilberoxyd und Cyanurat gespalten wird, während das Stickstoffsalz nicht angegriffen wird.

Das Sauerstoffsalz ist die unbeständigere Form und läßt sich in das Stickstoffsalz überführen.

6. Strukturisomerie.

Als anorganische Strukturisomere werden von einigen Forschern das Nitramid und das Nitrosohydroxylamin angesehen:

$H_2N.NO_2$ (Nitramid) und $\overset{H}{HO}\!\!>N.NO$, (Nitrosohydroxylamin, identisch mit untersalpetriger Säure)

A. Hantzsch faßt diese Verbindungen jedoch als Raumisomere, im Sinne folgender Formeln auf:

HO—N‖N—OH und N—OH‖N—OH.

— 177 —

7. Raumisomerie.

a) Bei Verbindungen mit komplexen Radikalen MeR_6.

In den Hydraten, Metallammoniaksalzen und zahlreichen komplexen Salzen müssen zusammengesetzte Radikale MR_6 angenommen werden, in denen sechs Gruppen in direkter Bindung mit einem Zentralatom stehen. Es wird deshalb die Frage zu beantworten sein, unter welcher räumlichen Gestaltung man sich diese Molekülkomplexe vorstellen soll. Bei planer Anordnung:

müßten die durch teilweise Substitution von R durch R′ sich ableitenden Radikale:

$Me^{R'_2}_{R_4}$ und $Me^{R'_3}_{R_3}$,

in ebenso vielen isomeren Formen auftreten, wie Di- und Trisubstitutionsprodukte des Benzols, d. h. in drei Isomeren.

Dies ist aber nach dem bis jetzt vorliegenden experimentellen Material nicht der Fall, sondern derartige Verbindungen treten nur in zwei isomeren Formen auf. Dieser Tatsache kann man nur dadurch gerecht werden, daß man eine symmetrische räumliche Verteilung der Gruppen um das Zentralatom annimmt, d. h. die sechs Gruppen in symmetrischer oktaedrischer Stellung um dasselbe anordnet.

Wählen wir ein Hexamminkobaltisalz, $[Co(NH_3)_6]X_3$, als Beispiel, so wird sich für dasselbe folgendes räumliche Symbol ergeben:

Hexamminkobaltisalze

Werner, Neuere Ansch. in der anorgan. Chemie.   12

维尔纳所著《无机化学新思想》中的两页Ⓟ

其要点是：一些元素原子的化合价除主价（或称可电离价）外，还有副价（或称不可电离价）。副价又称配位数，配位数最常见的是2、4和6等（现在已知金属的配位数不是固定不变的）。主价由负离子满足，副价由负离子或者中性分子满足。副价有方向性，如副价为6时，指向正八面体的6个角；副价等于4时，又有两种情况，一种指向正方形的4个角，一种指向正四面体的4个角。他将配合物的分子组成分为“内界”和“外界”。内界由中心离子与配体以副价紧密结合，配体与中心离子结合得很牢固，不易离解，因此在一般情况下往往体现不出它们的原有性质。外界由离子组成，当配合物溶于水以后，外界比较容易电离出来。例如，$CoCl_3 \cdot 6NH_3$中有3个Cl^-作用于主价，6个NH_3作用于副价，Co^{3+}的配位数为6。3个Cl^-是可电离的，可被$AgNO_3$沉淀；6个NH_3以配位键作用于Co^{3+}，形成稳定的络离子，是不可电离的。也就是说，钴离子的主价为+3，配位数（副价）为6。若把内界的符号写入方括号内，$CoCl_3 \cdot 6NH_3$的化学式可以写成$[Co(NH_3)_6]Cl_3$。而$CoCl_3 \cdot 5NH_3$中只有两个Cl^-作用于主价，还有一个Cl^-在内界，所以化学式为$[Co(NH_3)_5Cl]Cl_2$，因为只有2个Cl^-是可电离的，可被$AgNO_3$沉淀。

配位学说结束了当时无机化学界的某些混乱局面，解释了很多配合物的异构现象、电导和磁性，因此得到了普遍认可，并且很快被当作是无机化学发展的重要推动因素之一。维纳尔被称为配位化学之父，并因此获得了1913年的诺贝尔化学奖。

1895年

奥斯特瓦尔德提出现代催化剂概念

催化作用是在自然界广泛存在的一种重要的化学过程。地球上各种生命的延续离不开生物体内的特殊催化剂——酶的作用，生物体内每时每刻都进行着复杂而奇妙的催化反应。正是靠着这些复杂的催化反应的不断进行，生命才得以维持。我们祖先的制曲酿酒技术就是催化作用作为一种生产技术为人类服务的早期例证。18世纪中叶，铅室法制硫酸中用一氧化氮作催化剂是工业上采用催化剂的开始。

“催化”这一概念最先由瑞典化学家贝采里乌斯于1836年提出，提出后就遭到当时的学界权威、德国化学家李比希的反对。随后的几十年中，化学界对于催化剂和催化现象的本质的争论一直没有停止。

奥斯特瓦尔德Ⓟ

1888年，德国化学家奥斯特瓦尔德认为催化剂的本质是“可以加快反应的速度但不是反应发生的诱因”。这一定义被当时的化学界普遍接受。1890年他发表文章，指出自然界存在广泛的“自催化”现象。之后，他和助手布雷迪希合作，对非均相催化过程进行了研究。

1895年，在过饱和溶液中结晶现象的催化作用、均相体系的催化作用、非均相体系的催化作用和酶的催化作用四方面实验的基础上，奥斯特瓦尔德发表了《催化过程的本质》，提出了现代催化剂概念：任何物质，凡是不参加到化学反应的最终产物中去，只是改变这个反应的反应速率者，即为催化剂；催化现象的本质在于某些物质具有加速那些没有它们参加时进行得很慢的反应的性质。他把催化作用比作润滑油对机器的作用和鞭子对懒马的作用。1902年，他根据热力学第二定律进一步阐述了催化剂的本质，指出催化剂只能加速反应平衡的到达，而不能改变平衡常数。

现在我们知道，在催化反应过程中，至少有一种反应物与催化剂发生了某种形式的化学作用。由于催化剂的介入，化学反应改变了进行途径，而新的反应途径需要的活化能较低，这就是催化得以提高化学反应速率的原因。

由于对催化作用的深入研究，1902年，奥斯特瓦尔德利用铂催化剂成功地将氨氧化成一氧化氮，进而将一氧化氮氧化为硝酸，为现代硝酸工业的发展奠定了基础。正如奥斯特瓦尔德自己所说，“工业的关键在于催化剂的使用”。

一种能在室温下将一氧化碳转化为二氧化碳的催化剂，可用于空气净化器①

催化作用对工业生产产生重要作用的最典型的事例就是哈伯合成氨法。这也是催化工艺史上一个重要的里程碑。

催化剂在人类社会的存在和发展中发挥着不可估量的作用，在能源、化工生产和环境保护等方面有着极端的重要性。现代化学工业80%以上的生产采用催化过程。利用催化技术，人们更充分地利用了自然资源，还制造出了很多自然界不存在的物质，丰富了人类的生活。例如，从煤炭和石油资源出发合成了甲醇、乙醇、丙酮、丁醇等基本有机原料，改变了过去用粮食生产的途径；合成纤维的生产减轻了人类对棉花的依赖；塑料的发展减轻了人类对木材的依赖。

近几十年来，随着一系列重要的邻近学科的发展和大量先进实验手段及计算机的应用，催化已是化学学科中最活跃的研究领域之一，已经发展成为一门重要的前沿学科。

1909年，由于在催化作用与化学平衡、反应速率的关系研究，以及由氨制硝酸的方法研究等方面作出的杰出贡献，奥斯特瓦尔德荣获了诺贝尔化学奖，他是第一个在催化方面获得诺贝尔奖的科学家。另外值得一提的是，1887年，奥斯特瓦尔德和范托夫共同创办《物理化学杂志》，标志着物理化学这一新学科的建立。奥斯特瓦尔德因此被誉为“物理化学之父”。

1896年

发现瓦尔登反转现象

旋光性物质发生化学反应时，试剂进攻一个不对称碳原子（手性碳原子），我们把在旧键断裂的方向上形成新键的情况称为构型保持，而将在旧键断裂的相反方向上形成新键的情况称为构型反转。构型反转的现象是1896年德国化学家瓦尔登发现的，这在当时是一个十分重大的成果。

瓦尔登在研究结构与旋光方向之间的关系时发现，(-)-苹果酸在醚溶液中与五氯化磷作用，生成(+)-氯丁二酸，后者与湿的氧化银反应后，得到(+)-苹果酸。同样，若以(+)-苹果酸与五氯化磷作用，则生成(-)-氯丁二酸，再与湿的氧化银作用，又可以重新得到(-)-苹果酸。瓦尔登发现了使苹果酸构型发生反转的实验方法，但当时他不知道这一现象背后的原因。

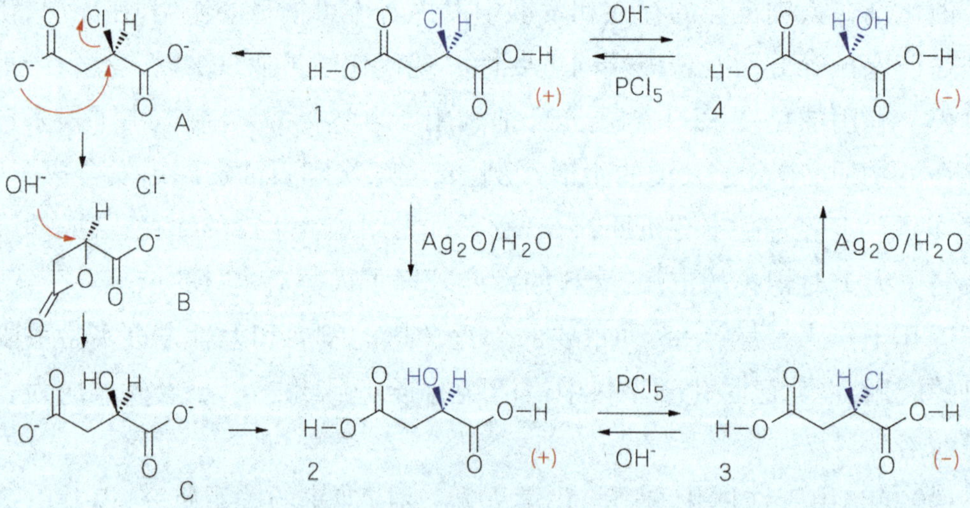

瓦尔登反转①

经后来的科学家阐明，当苹果酸与五氯化磷作用时，发生了构型反转；而与湿的氧化银作用时，构型保持不变。瓦尔登首先发现构型反转和构型保持现象，故在亲核取代等反应中发生的构型反转的现象就被称为瓦尔登反转，其整个过程好像一把伞被大风吹得从里向外翻转一样。而上述从(-)-苹果酸到(+)-苹果酸再到(-)-苹果酸的循环也被称为瓦尔登循环。现在我们知道，在中心碳原子为手性碳原子的亲核取代反应中，构型反转的现象是十分普遍的。

1898年 居里夫妇发现钋和镭

1896年，法国物理学家贝克勒耳用两张黑纸完全包住一张感光底片，黑纸非常厚，即使放在太阳光下晒一整天也不会使里面的底片曝光。他在黑纸上面放一层铀盐，然后一起拿到太阳光下晒几小时，显影之后，底片上出现感光影像。这个发现给了贝克勒耳重大启示，他由此推断底片的曝光是由铀盐本身能够发出的某种看不见的射线所致。这一结论表明元素放射性现象被发现。这一现象也被称为“贝克勒耳现象”。

居里夫人Ⓟ

当时，这一现象并没有引起科学界的重视。然而，年轻的居里夫人敏锐地感觉到这是一个很有前景的研究课题。她开始思考：铀盐不断发出射线的力量来自何方？这种射线是什么？1897年的秋天，她和同为物理学家的丈夫皮埃尔·居里开始了一项极富挑战性和开拓性的研究。他们决心搞清楚自然界除了铀以外是否还有其他元素也具有放射性。他们在条件极其简陋的实验室里开始检验几乎所有可以找到的物质，对当时已经知晓的所有元素进行逐一排查。在这项艰巨又细致的工作中，他们发现钍也具有放射性。这一发现预示着放射性不只是铀的特性，其他物质也可能具有，是一个较为普遍的现象，因此她建议用“放射性”一词代替“贝克勒耳现象”。

随后，居里夫妇又开始了探究新放射性元素的历程。他们在检验了无数天然矿物后，发现沥青铀矿石的放射强度比根据铀含量推算的放射强度大4—5倍。放射性主要集中在两个陌生的化学特征部位，他们认为这是两种新元素存在的标志。1898年7月，居里夫妇经过反复提炼和化学处理，宣布发现了一种新的放射性元素。为纪念自己的祖国波兰，居里夫人将此元素命名为“钋”(Polonium)。1898年12月，居里夫妇又在铀矿渣中发现了一种放射性比钋还强的新元素——镭。

随后，他们开始提炼纯镭和纯钋。他们凑齐资金购买了足够的设备和矿物，每天日夜奔波在几百个蒸发皿之间，炼制了几万千克的沥青铀矿残渣。他们既是学者、技师，也是操作工，进行着繁重的结晶提纯操作。居里夫人后来写道：“感谢这种出乎意料的发现，在那段时间里，我们完全被展开在眼前的新领域吸引了。虽然工作的条件给我们带来许多困难，但当时我们仍然感觉很快乐。”

居里夫妇在实验室Ⓟ

经过4年艰苦卓绝的研究工作，1902年，他们终于从数吨矿渣中提炼出了0.1克氯化镭，之后通过电解方法获得了单质镭，并测定出其相对原子质量为225。这种“不仅有着美丽颜色，还会自动发着略带蓝色萤光”的金属带给居里夫妇极大的快乐。1903年，居里夫妇和贝克勒耳因发现天然放射性现象和在放射学方面的深入研究和杰出贡献共享了诺贝尔物理学奖；之后在1911年，居里夫人因发现镭和钋，并提炼出纯镭而获得诺贝尔化学奖，成为第一个两次获得诺贝尔奖的人。居里夫人开创的用放射性进行化学分离与分析的方法奠定了放射化学的基础。

1934年，由于长期从事放射性工作，居里夫人因白血病逝世。她曾先后获得奖金10种、奖章16种及100多个名誉头衔。特别是在两个不同的学科领域分别获得世界科学最高奖，这在世界科学史上是独一无二的。

居里夫人为人类的幸福献身科学，从不计较个人私利和荣誉，在自身取得伟大成就的同时，还培养了一批优秀科学家。其中有居里夫妇的长女和女婿约里奥-居里夫妇，他们因发现了人工放射现象，合成新的放射性元素，于1935年获得诺贝尔化学奖。爱因斯坦在悼念居里夫人时写道：“她的不畏艰难、永不妥协地探究未知和真理的光芒正像她所发现的‘镭’一样，永远照耀着一代又一代步入科学殿堂的人们！”

1900 年

冈伯格发现自由基

1898年，旅美俄国化学家冈伯格成功制备了四苯甲烷——甲烷的四个氢都被苯基取代后形成的有机化合物。在这之前，四苯甲烷一直难以制备。受此鼓舞，冈伯格尝试制备更立体、碳原子更集中拥挤的六苯乙烷——乙烷的六个氢都被苯基取代后形成的有机化合物(两个碳原子各自联结三个苯环)。1900年，他用银粉或锌粉在隔绝空气的情况下处理三苯氯甲烷时得到一种产物。冈伯格认为这就是"六苯乙烷"，但他立即发现这个产物溶于苯会产生黄色溶液，并能很快与碘和氧气发生作用，分别生成三苯碘甲烷和过氧化物。

冈伯格Ⓟ

冈伯格认为"六苯乙烷"分子在苯溶液中发生碳碳键均裂，分裂为两个三苯甲基。根据凯库勒的结构体系，碳是四价的，而三苯甲基的中心碳原子仅用去了三价，那么，其第四价必定是处于自由状态了，也就是说，此时其中心碳原子还有未成对电子。这就是自由基，也称游离基。冈伯格是第一个制备出自由基的人。

冈伯格还发现，由于三苯甲基自由基中三个苯基形成离域体系，所以三苯甲基自由基比较稳定，但化学性质非常活泼，当有氧气或空气存在时，三苯甲基自由基迅速自动氧化，生成过氧化物，也容易和碘发生反应生成三苯碘甲烷。冈伯格的这个发现促进了自由基化学的研究和发展。直到1968年，通过核磁共振，所谓"六苯乙烷"才被证明实际上是三苯甲基自由基的二聚体。

更简单的甲基自由基、乙基自由基在1920年代被证实。大多数自由基都比冈伯格的三苯甲基稳定得多。1930年代，科学家发现自由基在化学反应过程中有着非常重要的作用，并将自由基作为活泼中间体使用。后来，量子力学的计算说明了自由基是稳定的，只是活化能较低，因此具有高度的活性。

1900年
格利雅试剂问世

法国化学家格利雅因制取格氏试剂，获得了1912年诺贝尔化学奖。但他年轻时却游手好闲，不务正业，到处寻欢作乐。

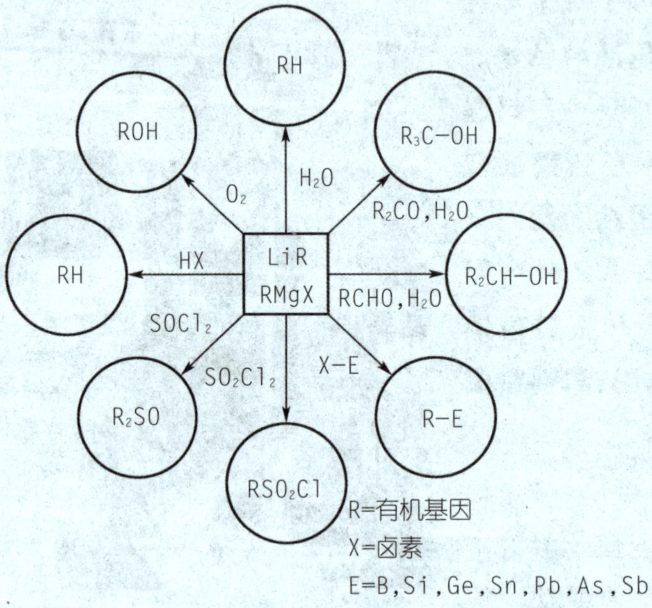

格氏试剂在有机化合物制备中的广泛应用⑪

一天，格利雅去参加一个盛大的舞会，他看到对面坐着一位秀丽端庄的女士。他走到那位女士面前恭敬地请她跳个舞。但那位女士绷着脸不理他。格利雅再次邀请，但女士依然冷脸相对，还说了一句令格利雅一生都难忘的话："我最讨厌你这样的花花公子！"这话让格利雅猛然惊醒：自己正在无所事事的游荡中浪费青春。悔恨之后，他决定去里昂城求学。

经过两年的努力，格利雅作为插班生考入了里昂大学化学系。如同重生一般，格利雅变得异常勤奋。1900年，格利雅致力于寻找一种用于催化甲基化反应的催化剂。这种反应以前是通过锌和有机反应物化合来进行的，但产率不很高。研究有机锌的法国化学家巴尔比耶建议格利雅改用镁来进行这项工作。格利雅接受了这个具有挑战性的工作。他用金属镁和卤代烃在无水乙醚等溶剂中反应得到一类产物，这就是格利雅试剂，简称格氏试剂，化学名称为烃基卤化镁，通式为RMgX，其中R是烃基，X为卤素。格氏试剂性质活泼，可以与多种有机物反应，制取烃、醇、酮、羧酸等多类有机化合物。此外，格氏试剂还可与含活泼氢的化合物定量反应，用以定量测定化合物中活泼氢的数量。1900年春天，格利雅在法兰西科学院年会上公布了他的发现。格氏试剂可以把两个化合物的碳和碳联结成键，为增加碳链的合成途径打开了一扇便捷之门，所以论文发表后立刻引起了用格氏试剂进行合成的热潮。

20世纪初

合成橡胶问世

人类使用天然橡胶的历史已经有好几个世纪了。哥伦布在发现新大陆的航行中发现，南美洲土著人玩的一种球是用硬化了的植物汁液做成的。后来人们发现这种有弹性的球能够擦掉铅笔画出的痕迹，因此给它起了一个普通的名字“擦子”(rubber)。 rubber仍是现在这种物质的英文名字。这种物质就是橡胶。

1736年，法国科学家孔达米纳加入了法国科学院的赴南美考察队。他在考察过程中观察到，被当地人称为“流泪的树”的三叶橡胶树流出的胶乳可固化为具有弹性的物质，于是他将这种有弹性的物质带了一些回去，这是橡胶品第一次被带回欧洲。后来，亚马孙河流域的野生三叶橡胶树的胶样被寄回巴黎，开始引起了欧洲人的注意。1823年，英国人麦金托什在英国建立了第一家防水胶布工厂。在同一时期，英国人汉考克发现通过两个转动滚筒的缝隙反复加工橡胶，可以降低弹性，提高塑性。这一发现奠定了橡胶加工的基础。

1826年，法拉第首先对天然橡胶进行化学分析，确定了天然橡胶由碳和氢组成，且比例为5∶8。1839年，美国人古德伊尔将天然橡胶与硫黄一起加热进行硫化，成功实现了橡胶分子链的交联，使橡胶具备了良好的弹性，不再受热发黏，从而使橡胶具备了良好的使用性能，成为有使用价值的材料。橡胶硫化方法的出现对推动橡胶的应用起了关键的作用。

橡胶树Ⓨ

1860年，英国人威廉斯从天然橡胶的热裂解产物中分离出分子式为C_5H_8的物质，经确认该物质为异戊二烯。威廉斯指出异戊二烯在空气中又会氧化变成白色弹性体。1879年，法国人布沙尔达用热裂解法制得了异戊二烯，又把异戊二烯重新制成弹性体。尽管这种弹性体的结构、性能与天然橡胶差别很大，但至此人们已完全确认从低分子单体合成橡胶是可能的。

20世纪初，俄国化学家列别捷夫在研究石油化学时，发现了热裂化石油生成各种双烯烃的方法。1910年，他用钠做催化剂，由丁二烯制得合成橡胶——丁钠橡胶。1931年，丁钠橡胶开始小规模生产，1932年开始大量生产，成为一种很好的天然橡胶代用品。

1912年，德国化学家弗里兹·霍夫曼在拜耳公司实验室工作时，用热聚合法由2,3-二甲基丁二烯合成了甲基橡胶，用以代替天然橡胶，并由该公司少量生产。但这种合成橡胶制造成本高昂且在空气中会快速分解，因此其工业生产很快就停止了。

1930年，美国杜邦公司的卡罗瑟斯通过2-氯-1,3-丁二烯（即氯丁二烯）聚合制得合成橡胶聚氯丁二烯，即氯丁橡胶。氯丁橡胶在合成橡胶中综合性能突出，它具有优良的耐油性、耐候性和耐臭氧老化性，对多种化学药品稳定，抗拉强度高，可以粘覆在许多基质上，在工业上用途广泛。1937年，杜邦公司开始将这种橡胶投入生产，商品名为尼欧普林（Neoprene）。1933年，德国化学家用1,3-丁二烯和苯乙烯共聚制得丁苯橡胶，1937—1942年先后在德国、美国实现工业化生产。丁苯橡胶的综合性能良好，价格低，产量和耗量最大，是合成橡胶第一大品种，在多数场合可代替天然橡胶使用，主要用于轮胎工业、汽车零件、工业制品、电线和电缆包皮管和胶鞋等。

几个世纪以来，人们对橡胶的认识和使用经历了从天然利用到人工合成的过程，在此过程中，橡胶的性能也不断改进，成为很多国家重要的基础产业之一。

丁苯橡胶可用于制造汽车轮胎Ⓨ

20世纪初 胶体化学创立

1861年，英国化学家格雷厄姆发现了半透膜的渗析现象，制成了“渗析器”，并提出了胶体的概念，但对胶体的深入研究直到20世纪初才真正开始。

1903年，奥地利化学家席格蒙迪发明超显微镜，可以观察到任何10纳米大小的微粒的形状。他借助超显微镜观察了他制成的有着漂亮红色的金溶胶，发现了看起来是均匀的“溶液”的不均匀本质——存在于分散介质中的粒子实际上是比分子大很多倍的分子聚集体。同时，基于实验事实，他提出了关于胶体分散质凝聚机理的一些重要的基本观点。席格蒙迪因阐明胶体溶液的多相性和创立了现代胶体化学研究的基本方法而获得1925年诺贝尔化学奖。

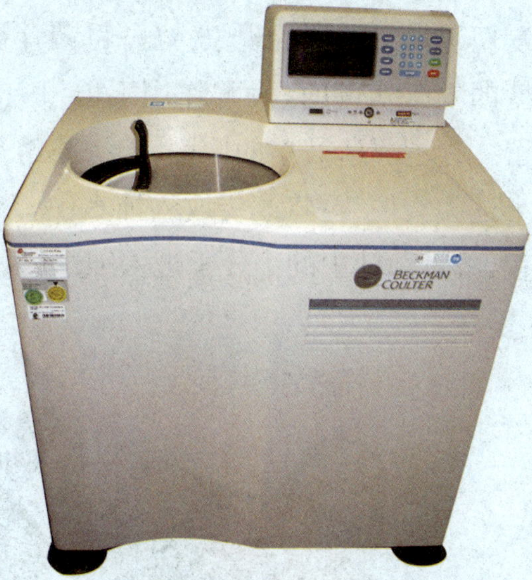

超速离心机⑩

1905年，俄国科学家维伊曼用将近200种化合物进行实验，结果证明任何典型的晶体物质都可以用降低其溶解度或选用适当分散介质而制成溶胶。

超速离心机的发明是胶体化学发展史上的又一个里程碑。它是由瑞典物理化学家斯韦德贝里于1924年发明的。斯韦德贝里用这种仪器研究了溶液中的蛋白质、碳水化合物和其他高聚物大分子的沉积作用，指出沉积作用跟分子的形状和大小有关。他还研究了胶体粒子和大分子在高速转动的液体中的分布，并根据这种分布测定了血红蛋白的分子量。超速离心机的发明对胶体化学是一个很大的推动。有了这一重要的工具，很多科学家都在胶体领域大显身手。斯韦德贝里凭借超速离心机在分散体系的研究上所取得的成就，获得1926年诺贝尔化学奖。

现在，胶体化学已成为一门独立的学科，它与众多学科相互交叉，与工业、农业、军事、生物学、环境科学等都有密切关系。

1904年
哈登发现辅酶

酶是生物体内活细胞产生的一种生物催化剂，在机体中高效地催化各种生物化学反应，几乎所有的细胞活动进程都需要酶的参与，比如我们人类的思考、运动、睡眠、呼吸、愤怒、喜悦等生命活动都离不开酶。

哈登Ⓟ

1904年，英国生物化学家哈登在研究酒化酶时发现了一个有趣的现象：当酵母菌汁被煮沸后再去做糖的发酵实验时，发酵作用不但没有变慢，反而加速了。为了弄清其中的原因，哈登将酵母菌汁放入一个半透膜袋内，再将此袋放入纯水中。通过这一渗析过程，酵母菌汁中的小分子进入纯水，大分子留在袋内。他把这两部分物质分别与糖溶液放在一起，却看不到明显的发酵作用，只有将这两部分物质放在一起才能使糖溶液发酵。由此看来，酒化酶似乎是由两部分组成的，一部分是大分子，另一部分则是小分子。哈登进一步发现，袋内的大分子物质煮沸后发生变性，活性消失，而袋内的小分子物质煮沸后没有发生变化。哈恩据此判断，大分子可能是蛋白质，而小分子煮沸后还不变性，因而多半不是蛋白质。经过进一步证实，这种小分子物质的确不是蛋白质，而是一种磷酸酯，是直接影响发酵是否能发生的关键物质，被称为辅酶。哈登还发现，磷酸基团对于糖的发酵是

辅酶结构模型Ⓞ

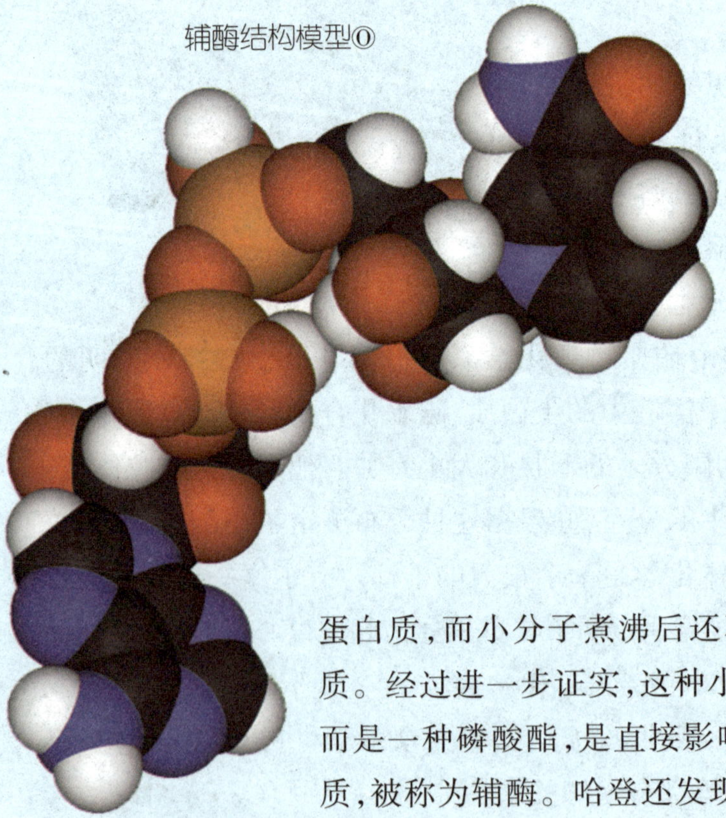

必需的。在糖的发酵过程中,磷酸基团能与糖分子结合,形成重要的中间体。

哈登的研究使人们对一切生物体内的中间代谢过程有了进一步的了解,促使化学家逐步认识到磷酸基团在生物化学的很多方面都起着重要的作用。他还开创性地研究了细菌的酶及代谢。1911年,哈登与其他科学家合作出版了《醇类发酵》一书。

德国—瑞典生物化学家奥伊勒-切尔平在哈登的基础上继续对辅酶的性质进行研究,他通过实验证明了某些酶必须在辅酶的参与下才能表现出活性,酶蛋白与辅酶单独存在时,一般无催化能力,只有二者结合时,才具有活性。这就弄清了为什么各种维生素和微量矿物质对于生命活动只需要痕量,却又如此重要,因为它们是辅酶的组成部分。另外,他还发现某些物质会在发酵过程中对酶的活性起抑制作用。他还阐明了糖发酵的过程中酶和辅酶的存在及作用机理,并用实验方法提纯出酒化酶的辅酶,证明它是糖与磷酸生成的特殊酯。他把发酵过程、酶化学及其他化学的规律系统地综合在一起,在1910年出版了他的著作《酶化学》。

核黄素⓪

现在,我们知道,许多维生素及其衍生物,如核黄素、硫胺素和叶酸,都属于辅酶。这些化合物无法由人体合成,必须通过饮食补充。辅酶在酶催化反应中其化学组分发生了变化,辅酶被消耗在其催化的反应上,但是在细胞内,反应掉的辅酶又可以重新产生出来,而且它在细胞内的浓度会维持在一个稳定的水平上。

对辅酶的研究促进了酶化学的进一步发展,促进了人们对糖成醇发酵机理的了解,也揭开了生物碳水化合物代谢研究上的新的一页,为以后的研究发展奠定了基础。哈登和奥伊勒-切尔平因研究糖的发酵和酶在发酵中的作用而共获1929年诺贝尔化学奖。

1909年

哈伯合成氨法诞生

土壤中生长的植物需要氮，而大气中就有大量的氮气。不过，要使空气中的氮气成为土壤中能被植物吸收的氮元素却并不简单，目前仅有少数几种细菌能将空气中的氮气转化为植物所需的含氮的营养物质。固定大气中的氮使之能被植物利用成为很多科学家和工程师的攻关目标。将空气中的游离氮转化为化合态氮的技术，称为固氮技术。除了农业需要固氮技术，其实生产炸药也离不开固氮技术。在第一次世界大战前，人们更多地从含氮的矿物中获取氮，最重要的含氮矿物是硝酸钠。由于智利拥有很丰富的硝酸钠矿，因而硝酸钠矿石也称智利硝石。

几乎所有的炸药的分子结构中都有硝基，而制造硝酸的原料是氨，因而含氮化合物氨对军事工业十分重要。第一次世界大战前，德国完全依赖智利硝石来制造炸药。但是在20世纪初，欧洲大陆战争阴云密布，英法等国封锁南美对德国的硝石供应，试图削弱德国军事力量。严酷的环境迫使德国科学家研发用氢气和氮气直接合成氨的生产工艺。

19世纪下半叶，人们已经认识到氨分解成氢气和氮气的化学反应是可逆的，压强、温度和催化剂都会影响这一反应。氨分解成氢气和氮气的反应很容易实现，但是它的逆反应，即用氢气和氮气合成氨的反应却必须在高压、低温和使用特殊催化剂的条件下才能实现。根据法国化学家勒夏特列提出的化学反应平衡移动原理，增加压强和降低温度有利于在合成氨的反应中生成更多的氨。压强越高，反应所生成的气体中氨的含量就越高，但是对反应容器的要求也越高，反应容器必须能承受几百个大气压。从理论上说，降低温度也可以使反应的产物中氨的含量增加，但是降低温度会使反应的速率大大降低，从而会降低生产效率。此外，温度的选择还必须考虑催化剂的适应问题。因此，选择合适的压强、温度和催化剂就成为合成氨的关键问题。

在德国的化学家开始研究合成氨之前，法国化学家勒夏特列曾进行过高压条件下合成氨的实验，但由于在氮气和氢气的混合气中混进了氧气，在实验中引起了爆炸，他不得不放弃了合成氨的实验。1909年，德国化学家哈伯在进行了

哈伯在实验室合成氨的装置⓪

大量试验后获得成功，他在200个大气压和600℃温度下，使用金属锇作催化剂，合成了100克氨，合成氨的产率约为8%。

尽管8%的产率已是很大的突破，但对工业生产来说，这一数字意味着原料氮气和氢气的利用率还是偏低，生产成本还是偏高。于是，哈伯又改进了生产工艺。他采用了循环的流程，将反应后得到的含有少量氨的混合气体先冷却。由于氨的沸点比氢气和氮气都要高得多，气体冷却后，氨会先冷凝成液体。将液体和气体分离后，液体就是产品氨，而气体可以循环使用，再次进入反应装置进行反应，这样就使原料气体能得到更充分的利用，也就大大地降低了生产成本。由哈伯首先实现的这一合成氨的生产流程就是著名的哈伯合成氨法。

在实验室取得成功后，哈伯与德国的巴斯夫公司合作，实现了合成氨的产业化。1913年，一套日产30吨氨的合成氨工厂建成并投产。人们第一次能以空气中的氮气为原料生产出肥料、硝酸、炸药等产品，这是化学工业中的一个里程碑。哈伯因而被授予1918年诺贝尔化学奖。

通过哈伯合成氨法，大量合成氨被生产出来，由此生产出大量化肥，大大地提高了农作物的产量，使世界上千千万万的人免于饥饿。但哈伯也是一个有争议的科学家，因为第一次世界大战时他积极支持德国政府，他还担任了德国化学战事务的负责人，参与了将氯气开发成毒气弹的工作。具有讽刺意义的是，第一次世界大战后的1933年，由于哈伯是犹太人，他被驱逐出德国。

哈伯合成氨法中的高压合金反应器⓪

1909年

索伦森提出pH概念

pH也称氢离子浓度指数或者酸碱度，它是溶液中氢离子活度的一种标度，也就是通常意义上溶液酸碱程度的衡量标准，在数值上用氢离子浓度的负对数表示。至于p代表什么，并没有确定的说法，有些文献分析p代表德语Potenz，意思是力量或浓度。H代表氢离子。这个概念及其测定方法是由丹麦生物化学家索伦森提出的。

索伦森Ⓟ

1901—1938年，索伦森在丹麦哥本哈根著名的卡尔斯堡实验室任主任。他的研究对象是蛋白质、氨基酸和酶。在研究溶液中的离子浓度效应时，他认识到氢离子浓度是个极其重要的量。在研究中，他经常要化验啤酒中的氢离子浓度，每个化验结果都要记载许多个零，相当繁琐，也容易弄错，为了精确、简便地衡量和描述溶液中的氢离子浓度，他设计了一个简单的表达方式，就是通过采取氢离子浓度的负对数来方便地表达溶液的酸碱度。于是，他在1909年提出了pH概念，即pH=$-\lg[H^+]$。在那篇提出pH概念的文献中，他描述了用来测量酸碱度的两个新方法：一个是基于电极的方法，另一个是比色测定法。

在19世纪末到20世纪初的世纪之交，研究溶液酸碱度的表述和测定的科学家并不止索伦森一人，但他们大多用比较含糊的字眼来确定溶液的酸碱度，如强、弱、略高于上次的酸度等。只有索伦森创造性地提出了pH这把描述溶液酸碱度的量化尺子，使之成为衡量溶液酸碱度的标准。这是化学史上测量化学物质属性方面的又一个革命性的创新。

pH试纸Ⓨ

1912年
普雷格尔建立有机化合物微量分析技术

一般的常量元素分析法，每次需要的样品量约在0.15至0.2克之间。但是有些有机化合物很难得到，特别是近代研究的一些天然有机物质。有些虽能取得，但含量非常少。如果运用常量分析法，许多研究就无法进行下去。

普雷格尔Ⓟ

奥地利化学家普雷格尔早期一直在从事胆酸化学的研究。在研究中，如果用常规方法，至少需要几十毫克的胆酸才能进行分析，并且要花费长达几个月的时间。又因胆酸的提取难度较大，他无法继续研究，这促使他开始探索微量物质的分析方法，并在这方面作出了重大的贡献。

其实，普雷格尔小时候对科学研究兴趣不大。他一开始的理想是长大以后成为一名体育运动健将。所以他常常是身在教室，心在操场。1887年，普雷格尔从体育学院毕业后，一心想成为能创造纪录的体育明星，他接连两次参加了奥地利的全国运动会。但结果令他失望，不仅没有创纪录，而且连名次也不靠前。他苦闷惆怅了一段时间后，凭着运动员的顽强意志，普雷格尔及时地调整了人生目标。他选择了化学作为他人生的新目标，决心要在化学的竞技场上创造辉煌。

半路出家的普雷格尔凭借超强的毅力，很快考上了奥地利著名的格拉茨大学。他通宵达旦地埋头学习、工作，终于迎来了收获：普雷格尔以探索胆酸为课题的毕业论文赢得了学校师生们的好评，并引起了化学界对这名倔强的年轻人的关注。

为了解决在胆酸研究中出现的有机分析难题，普雷格尔采用了许多创新办法，仔细地按比例缩小分析仪器，自制了精确到微克级的全套有机微量分析实验装置，将常量燃烧法改为微量燃烧法。他设计的分析碳、氢的基本装置为一个密闭系统，氧气自氧气瓶中流入保持高温的燃烧管，微量样品放在由瓷或铂制成的舟形容器内，置于燃烧管的前端，逐渐加温。样品充分燃烧后，进入串联的吸收水分和二氧化碳的吸收管。吸收完毕后，取下吸收管称量，计算出有机物中的碳、氢含量。这个方法只需用1—3毫克试样就可进行较为迅速和准确的定量分

格拉茨大学①

析，相关的分析精度与常量分析完全相同，解决了化学中的微量分析问题，奠定了微量分析技术的基础。

同时，普雷格尔还把氮分析法、甲氧基分析法以及硫、卤素分析法的适用范围延伸至微量范围，进而建立了一整套分析有机物中碳、氢、氮、卤素、硫、羰基等元素(基团)的有机化合物微量分析技术，并相应地研制了一系列实验装置。由于这些方法具有省时、省地、省料的明显优点，一经公开就很快被用于微量物质的分析，普雷格尔在格拉茨的实验室成了化学家们争相获取微量分析操作经验的场所。

普雷格尔的相关研究论文于1912年发表在《生物学研究方法手册》上。普雷格尔后来撰写的《定量有机微量分析》一书，成为有机微量分析领域的经典著作。他创办的《微量化学学报》，至今仍在发行，并已发展成为国际性学术期刊。普雷格尔还发明了一种灵敏的微量天平，提出了一种测量原子基团的微量方法，并设计了测定肾功能的简单方法。1923年，普雷格尔因创立有机化合物微量分析技术而获得诺贝尔化学奖。

普雷格尔创立的有机化合物微量分析法是分析化学发展历程中的重要阶段，促进了有机化学的发展，也为医学和工业的发展提供了强大的动力。微量分析法不仅在当时起了很大的作用，对现代的科学研究也有着深远的影响，例如现代对原子量的若干精确研究，就离不开这种方法。微量化学技术时至今日已经发展为痕量(含量0.01%以下)分析和超痕量(含量0.0001%以下)分析，主要应用于生物医学、表面科学以及罪证分析等领域。

1912年
赫维西用同位素示踪技术研究化学过程

1911年，匈牙利化学家赫维西在英国曼切斯特大学欧内斯特·卢瑟福教授的指导下研究从铅矿中分离镭。但是他分离镭元素和铅元素的实验屡遭失败。于是，他反过来想：是不是可以利用铅和镭难以分开的特点，通过检测同位素镭来示踪分析铅的存在呢？

1912年，赫维西首次通过检测镭的放射性，成功地研究了铅在多种化学反应中的行为，创立了放射性示踪方法。赫维西先用铅的放射性同位素镭D作为元素铅的示踪原子，成功测定硫化铅、铬酸铅等难溶的铅盐在各种溶剂中的溶解度；又用放射性铅盐溶液测得铅在植物的根、茎、叶中的分布。后来，赫维西在获得一种磷的放射性同位素后，进行了体内磷元素示踪实验，以揭示各生理过程中体内化学成分的动态情况。

赫维西Ⓟ

当时只有少数相对原子质量较大的元素有天然存在的放射性同位素，这就使放射性同位素示踪技术的应用受到了限制。1934年，约里奥–居里夫妇通过核反应合成了许多相对原子质量较小的元素的放射性同位素以后，示踪技术的应用面得到大幅度扩展。用中子轰击稳定磷原子时形成的磷的放射性同位素 ^{32}P 有比较长的寿命（半衰期为14.8天），适用于研究磷在生物体内的作用。赫维西制备了含放射性磷的磷酸钠生理溶液，把它注射到动物体内，在一定时间间隔内测定放射性磷的分布，来了解磷在动物体内的行踪。由于磷是生物体内一种极其重要的元素，赫维西的工作立即引起了化学家和生物学家的极大兴趣，受到广泛重视。赫维西和他的同事们还研究了许多其他相对原子质量较小的元素的放射性同位素在化学反应和生物过程中的示踪作用，取得了许多重要成果。1943年，赫维西因研究同位素示踪技术推进了对生命过程的化学本质的理解而获得诺贝尔化学奖。

1913 年

高压化学兴起

一些化学反应很容易发生，但另一些却很难进行。比如，天然气（主要成分是甲烷）的燃烧，只要一点火，反应就能很顺利地进行；氨的合成，则需要高压和高温，还需要特殊的催化剂，却只有20%—30%的氢气和氮气能反应生成氨。高压化学，即研究高压条件下的化学反应及其设备的学科，就是应对上述后一类产品的生产而发展起来的。德国化学家、工程师博施是高压化学的先驱者之一。

博施Ⓟ

1898 年，博施进入巴斯夫公司工作，成为该公司的一名工程师。第一次世界大战前，德国化学家哈伯发明了用氢气和氮气合成氨的新工艺，并把这一新工艺以专利的形式转让给巴斯夫公司。1909 年，博施受命与哈伯一起使哈伯发明的合成氨法实现工业化，这一工作开创了高压条件下实现工业化的先河。

哈伯合成氨法所要求的生产条件，即200个大气压和600摄氏度，在当时的条件下是很难达到的。为此，博施设计了新的反应设备，改进了哈伯的流程，重新设计了高压压缩机，努力寻找新的、较廉价的催化剂。依靠博施等工程师的努力和德国当时在世界领先的工业基础，巴斯夫公司终于在1913年，在德国的奥堡建立了世界上第一座合成氨工厂，实现了合成氨在高压条件下的工业化。

在高压条件下实现产品的工业生产是很困难的。首先必须使用高压设备。如果高压设备还要承受较高的温度，那就更困难。工业设备基本上都是用钢制造的，普通的钢材在500摄氏度时受力就会开始变形，对于内部受到压力的容器而言，这是非常危险的。因此，高压设备需要用特殊的合金钢来制造，以避免材料的变形和变脆。高压设备的容器外壁要设计得很厚，以承受高压。高压设备的密封也是很困难的。为了使反应气体加压后进入反应装置，流程中还必须有高压压缩机，要求能在高压下安全、顺利地运转，并且不产生气体泄漏。

博施在第一套合成氨设备的设计过程中解决了很多困难。在合成塔的设计

合成氨工厂的操作人员在调整管道阀门⓪

中，他巧妙地采用了双筒结构，使温度较低的氮、氢混合气体由两筒的间隙中导入。气体从间隙中流过，得到了预热，减少了能量的消耗，又使外筒的壁面避免与反应后的高温气体接触。博施对合成氨的催化剂进行了大量试验，最后选定了价格较低的铁系催化剂。博施使合成氨成功地产业化，为高压化学的发展奠定了基础，因而这套合成氨工艺流程也被称为哈伯-博施合成氨工艺流程。

合成氨的工业化生产掀开了现代农业的序幕。第一次世界大战后，博施又将他的高压技术引入合成燃料和甲醇的生产中。

因在高压化学合成技术上作出重大贡献，博施与德国化学家贝吉乌斯共获1931年诺贝尔化学奖。后者也是高压化学的先驱，曾发明著名的贝吉乌斯工艺，该工艺用高压实现了煤液化生产合成燃料。煤是一种固体燃料，而社会上需求最大的燃料是可用于汽车、飞机、军舰、坦克的液体燃料，煤无法直接用于上述场合。但是通过煤粉的加氢，即在100—200个大气压和450摄氏度的条件下，使煤粉和氢气发生化学反应，就能得到液体燃料，可作为石油类燃料的替代品。近代塑料工业中的高压聚乙烯，也是在1500个大气压和200—300摄氏度的温度下聚合的，这也是高压化学技术发展的一个实例。

世界上最长的输氨管道，从俄罗斯一直通到乌克兰⓪

1913年
博登斯坦发现链反应

链反应是反应物分子依靠在反应过程中交替和重复产生活性中间体(自由基或自由原子)而转变为产物分子,并使反应持续进行的一类重要化学反应。链反应一般包括链引发、链传递和链终止三个阶段。在链传递阶段,若一个旧的链载体消失,导致一个新的链载体产生,称为直链反应;若一个旧的链载体消失导致两个或两个以上新的链载体产生,则称为支链反应。首先提出链反应概念及反应机理的是德国物理化学家博登斯坦。

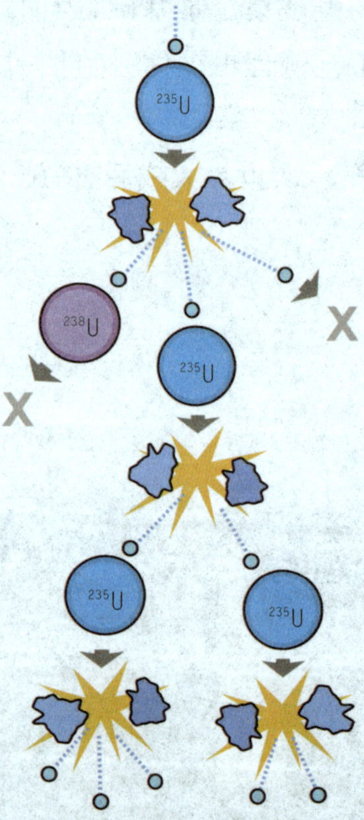

铀235的裂变链反应⓪

1913年,博登斯坦在汉诺威工业学院任教期间研究卤素和氢气的光化学反应,他发现HCl的光合成反应具有超乎想象的量子效率(高达10^4—10^5)。这着实令人惊讶!因为按照光化学第二定律,量子效率的值一般不会大于1。为了解释这一出人意料的化学反应的机理,博登斯坦提出链反应这一极富启发性的设想。他认为,在卤素与氢气反应的过程中,除最终产物之外,还形成了一些不稳定的活性中间体,这类中间体很容易与反应物反应生成产物和新的活性中间体;新的活性中间体又可以与反应物再发生反应,直至活性中间体消除,反应才会终止。在此基础上,博登斯坦还得出非简单级数的反应速率方程。

自博登斯坦拉开了链反应研究的序幕之后,又有许多化学家相继投入到各种链反应机理的研究中去。所以有人说,科学史上化学家们对链反应的研究,也像链反应本身一样连绵不绝。

链反应的发现标志着20世纪化学动力学发展到一个新的阶段:由简单级数反应的研究转为非简单级数反应的研究,由总反应动力学研究转向基元反应动力学研究。化学动力学从此可以用于研究更多的实际反应。

1913年
莫塞莱提出原子序数概念

凡是学过化学的人都知道原子序数这一概念，例如碳元素的原子序数是6，铝元素的原子序数是13。原子序数就是元素在元素周期表中的序号，即为该元素原子核内的质子数，也等于原子核内的正电荷数，拥有同一原子序数的原子属于同一种化学元素。原子序数的概念是由英国化学家莫塞莱提出的。

1913年，莫塞莱研究从铝到金的38种元素的X射线标识谱，发现以不同元素作为产生X射线的靶时，所产生的特征X射线的波长不同，标识谱线的波长随元素相对原子质量的增大而均匀地减小。莫塞莱把这一规律归因于相对原子质量增大时原子中电子数的增加和原子核中正电荷的增加。他将各种元素按所产生的特征X射线的波长排列后，发现其次序与元素周期表中的排列次序一样。于是他把按X射线谱排列的序号称为原子序数。他认为，这正是元素原子核所带的正电荷数，也就是原子中的电子数。

莫塞莱Ⓟ

在此之前，化学元素周期表是按相对原子质量的大小排列的，两个相邻元素之间，可以加入数目不等的其他元素，因为相邻元素的相对原子质量的最小差值的变化没有什么规律。这导致按相对原子质量排列的门捷列夫元素周期表中存在元素位置颠倒的问题一直无法得到解决。莫塞莱的这一发现使元素周期律有了新的含义，即“元素性质是其原子序数的周期性函数”，这是元素周期表的一项重大改进。按照原子序数去排列，由于原子序数必须是整数，各种元素在周期表中应处的位置就完全确定下来。例如，在原子序数为26的铁和原子序数为27的钴之间，不可能再有未发现的新元素。

莫塞莱的X射线技术还能够更精确地预测尚未发现的新元素，确定元素周

实验室中的莫塞莱Ⓟ

期表中尚未被发现的各元素的空位。实际上,在莫塞莱悟出原子序数概念时,元素周期表中尚存在7个这样的空位。如果有人宣称发现了填补某个空位的新元素,那么便可以利用莫塞莱的X射线技术去检验其真实性。例如,法国化学家于尔班在发现了镥以后,于1911年声称他又分离出一种"新元素",他认为这个"新元素"应位于周期表中锆的下面。1914年,他听说莫塞莱能根据X射线技术鉴定元素,便来到英国把含有这种"新元素"的混合物送交这位年轻的英国化学家分析。莫塞莱没经什么困难就鉴定出了这个混合物中的一些稀土元素,而若用传统的化学分析法既费时又费力,还不准确。进一步的分析证明,于尔班所发现的"新元素"并非真正的新元素,只不过是一些已知的稀土元素。

72号元素铪的发现也使用了莫塞莱的方法。当时,莫塞莱在对元素的X射线仔细研究后,已确定在钡和钽之间应当有16个元素存在。1923年,匈牙利化学家赫维西利用莫塞莱的X射线技术,对多种含锆矿石进行了X射线光谱分析,从中发现了与其他元素不同的X谱线,进而发现了一种新元素。为了纪念该元素被发现时的所在地——丹麦的首都哥本哈根,它被命名为hafnium(铪),元素符号定为Hf。后来,赫维西制得了几毫克纯铪的样品。遗憾的是,当莫塞莱的发现的重要性和他的方法的准确性被赫维西证实的时候,他已经不在人世了。在第一次世界大战中,莫塞莱应征入伍,随后在土耳其阵亡。一场无足轻重的战役葬送了这位年仅27岁的天才。

1913年

索迪和理查兹发现铅的同位素

1902年，英国物理学家欧内斯特·卢瑟福和刚出校门不久的英国化学家索迪在对钍、镭、锕等放射性元素进行了大量的研究后，提出了元素衰变假说：放射性是由于原子本身分裂或衰变为另一种元素的原子而引起的。与一般的化学反应不同，这不是原子间或分子间的变化，而是原子本身的自发变化，这一变化放射出射线，并产生新的元素。

元素衰变这一颠覆性的假设一提出，立即引起物理学界、化学界的强烈反对，因为认为一种元素的原子可以变成另一种元素的原子的观点，打破了长期以来认为元素的原子不能变的传统观念。起初，甚至连居里夫妇也表示不能轻易相信。门捷列夫则不但自己表示怀疑，还号召其他科学家不要相信。英国科学界的泰斗开尔文则多次向这一学说发起挑战。

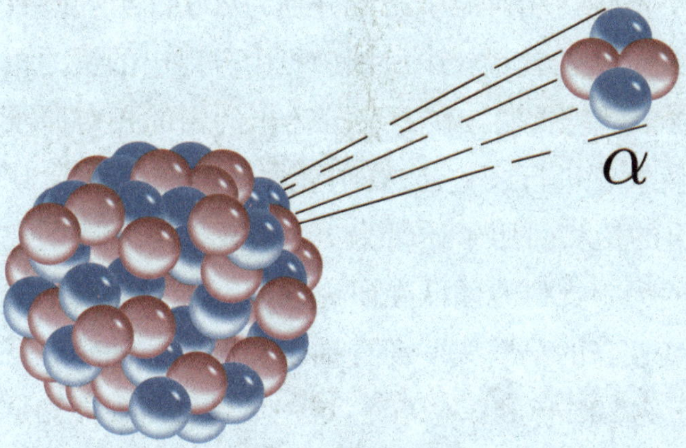

α衰变⓪

为了应对科学界的质疑，索迪及其他几位科学家在随后的几年里做了大量实验，陆续从铀、钍、锕等放射性元素中分离出了几十种新的放射性元素，有力地验证了自己的假说。

在实验中他们又发现：某一元素在发生α衰变后，形成的新元素在周期表中的位置比衰变前元素的位置向左移两格；在发生β衰变后，位置向右移一格。这一规律被称为放射性位移定律。

随着研究的深入，索迪还发现，有些在物理性质上有明显差异、相对原子质量和放射性都不同的原子却具有相同的化学性质，无法用任何化学方法将它们分离开来。这些原子之间有着怎样的关系呢？为解释这一现象，1910年索迪提出著名的同位素假说：具有相同化学性质但具有不同相对原子质量、物理性质和

索迪Ⓟ

放射性的不同核素互为同位素，同一元素的所有同位素在元素周期表中占有同一个位置。

根据同位素假说和放射性位移定律，天然放射性元素可分为铀-镭系、钍系、锕系三个系列，这三个系列衰变的最终产物应该都是铅。如果能找到铅的同位素，假说将得以验证。1913年，索迪和另一位擅长于测定元素相对原子质量的美国化学家理查兹各自独立地从放射性矿物铀、钍中获取了铅的同位素。

根据同位素假说的推算，铀和钍的最终产物是相对原子质量分别为206和208的铅，而普通铅的相对原子质量为207.20。从钍含量较少的铀矿石中分离出的铅的相对原子质量会较接近206，而从铀含量较少的钍矿石中分离出的铅的相对原子质量会较接近208。索迪选用锡兰钍石进行试验，矿石中钍含量为55%，铀含量为1%，铅含量为0.4%。实验得出的铅相对原子质量为207.7，较好地验证了上述推算。与此同时，理查兹率领的另一支研究团队在研究铀矿石衰变后产生的铅的相对原子质量，他们采用纯度较高的莫罗戈罗沥青铀矿和挪威钍铀矿进行试验，分别得到铅的相对原子质量为206.46和206.063。这一结果也与推算完全吻合。

索迪和理查兹分别从钍矿和铀矿中制备了铅的不同同位素，不仅揭示了自然界中同位素的存在，而且证明了同位素假说和元素衰变假说。

索迪在放射性元素及同位素方面的开创性研究为放射化学、核物理学等新兴学科的建立打下了坚实的基础，也因此被授予1921年诺贝尔化学奖。有意思的是，由于认识到威力巨大的核能在当时经济制度条件下可能被用于战争，进而毁灭人类生态系统，索迪自20世纪20年代开始转向研究经济学，后成为可持续发展经济学的先驱之一。

1922—1932年
施陶丁格建立高分子化学

高分子化学是有机化学的一个重要分支，其研究对象是高分子化合物（又称高聚物），如塑料、腈纶等。该分支学科研究高分子化合物的合成、化学反应、物理化学性质、应用等。高分子化学的研究始于19世纪后半叶。当时的研究主要是通过有机化学反应对天然高聚物（如橡胶等）进行改性或者合成。但当时科学家并没有认识到他们制成的这些分子是高分子。

施陶丁格在进行实验Ⓟ

1910年，德国有机化学和高分子化学家施陶丁格开始在德国巴斯夫公司从事有关异戊二烯（天然橡胶的单体）的研究工作。对高聚物的大量研究使他对这些物质有了新的认识。1922年，他提出高聚物实际上是由长链大分子构成的，还正式提出了“高分子化合物”这个名称。这个观念与当时的胶体论者的观念不一致，他们认为包括天然橡胶在内的高聚物是由一类不属于共价键的力缔合起来的，这种缔合归结于单体的不饱和状态。胶体论者自信地预言：给橡胶加氢将会破坏这种缔合，得到的产物将是一种低沸点的低分子烷烃。为此，施陶丁格研究了天然橡胶的加氢过程，结果得到的是加氢橡胶而不是低分子烷烃，而且加氢橡胶在性质上与天然橡胶几乎没有什么区别。这个结论增强了他关于天然橡胶是由长链大分子构成的信念。随后他又将研究成果推广到多聚甲醛和聚苯乙烯，指出它们同样是由共价键结合形成的长链大分子。

施陶丁格的观点得到了验证，但却继续遭到胶体论者的激烈反对。施陶丁格没有退却，他更认真地开展有关课题的深入研究，坚信自己的理论是正确的。为此，他与胶体论者展开了面对面的辩论。

辩论主要围绕两个问题展开。一是施陶丁格认为测定高分子溶液的黏度就可以换算出其相对分子质量，依据相对分子质量的大小就可以确定它是大分子还是小分子；胶体论者则认为黏度和相对分子质量没有直接的联系。针对这个问题，施陶丁格通过反复的研究，在黏度和相对分子质量之间建立了定量关系式，这就是著名的施陶丁格方程。辩论的另一个问题是高分子结构中晶胞与其分子的关系。双方都使用X射线衍射法来观测纤维素，都发现单体（小分子）与晶胞大小很接近。对此双方的看法截然不同。胶体论者认为一个晶胞就是一个分子，晶胞通过晶格力相互缔合，形成高分子。施陶丁格认为晶胞大小与高分子本身大小无关，一个高分子可以形成多个晶胞。

正当双方争执不下时，1926年，一种超离心机问世。用它直接测量出了蛋白质的相对分子质量，结果证明蛋白质分子的相对分子质量可以从几万到几百万。这一事实成为高分子理论的直接证据。

高分子理论就这样被越来越多的人接受。最令人感动的是，原先高分子理论的两位主要反对者在1928年公开地承认了自己的错误，同时高度评价了施陶丁格的出色工作和坚韧不拔的精神，并且还帮助施陶丁格完善和发展了高分子理论。这就是真正的科学精神。

后来的研究进一步表明，线性大分子是可以通过化学反应来形成的，而且每次合成出来的高聚物是同一的，甚至当用某些物质进行化学修饰时都能表现出这种同一性。

1932年，施陶丁格总结了自己的高分子研究成果，出版了划时代的巨著《高分子有机化合物》。他在书中系统陈述了他的高分子理论，该理论直到现在仍是合成纤维、合成橡胶、塑料等高分子工业的理论基础。施陶丁格是“高分子化合物”概念的提出者，是高分子化学的创始人和奠基人；他还是缩聚反应的发现者，又第一个合成了能与天然橡胶媲美的人工橡胶。因在建立高分子科学上的伟大贡献，1953年他被授予诺贝尔化学奖。

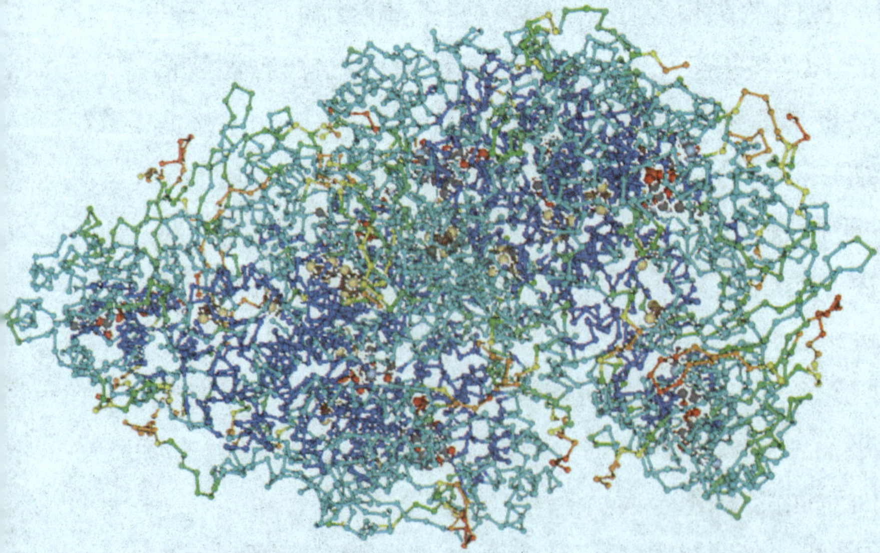

蛋白质是生物体内大量存在的高分子化合物Ⓦ

1927年
谢苗诺夫建立链反应和支链反应理论

爆炸是一种威力巨大的化学反应，往往给人们带来毁灭性的灾难。研究发现，某些爆炸过程中发生的化学反应是一种特殊的链反应。低于一定温度时，此链反应在达到将要爆炸的速率之前就会停止在器皿壁处，而高于这个温度它就无法停下来，最终发生爆炸。与爆炸相关的链反应的机理是什么呢？苏联化学家谢苗诺夫开展了相关研究，并取得了重大突破。

谢苗诺夫Ⓟ

1927年，谢苗诺夫和同事们用定量的方法研究了在不同的氧气压强(浓度)下磷的氧化反应。磷在一定条件下具有发出磷光的物理性质，磷的发光是磷及其化合物在空气中的一种缓慢自燃现象。

传统理论认为自燃现象在本质上都是由热造成的。热量通过热散逸传递给相邻的冷层，邻层达到自燃温度后被点燃，再将热传递给外围的冷层。但谢苗诺夫在研究中发现，在将反应热充分散逸的恒温条件下自燃现象也可以爆发。且当进入容器中氧气压强较小时，磷蒸气不会马上发出磷光，只有达到一定临界压强时磷光才会出现；随着压强进一步增大至超过临界压强时，氧化反应迅速进行，磷蒸气燃烧。如何解释这些现象？

谢苗诺夫首先用磷蒸气的氧化实验证明热化学反应也是链反应，从而将链反应的概念由光化学反应推广到广阔的热化学反应领域。同在1927年，他又发现了支链反应。在此基础上，谢苗诺夫得出规律性结论：链反应的传递物是价键不饱和的自由原子或自由基，由于在它们中间存在着自由价，自由原子或自由基与分子的直接反应就非常容易发生，并且速率很快。常见的链反应包括直链反应和支链反应。若产生的新自由基和消失的自由基数目相等，则为直链反应；若一个自由基的消失能产生两个或更多个自由基，则为支链反应。支链反应中同时存在自由基的产生和销毁两种反应。当支链反应中自由基原子销毁速率低于产生速率时，自由基浓度将按几何级数增长，反应链数目剧增，总反应速率急剧加快，短时间内释放出大量反应热而引发爆炸。当支链反应中自由基原子销毁速率高于产生速率时，支链反应将逐渐终止或不能发生。例如在某一极限以下，可以实现将磷蒸气与氧气放置在同一容器中长达几天都不会发生反应，但一旦增加氧气的压强，扩大容器容积，或移走容器中用来吸收大量自由基的金属导线，反应就会突破极限，在瞬间引发爆炸。

谢苗诺夫还系统地研究了温度、压强、光、热和催化剂等各种因素对爆炸反应的影响，确定了各类气体反应体系的临界爆炸温度，对爆炸反应的控制提供了理论依据。

上述工作的重要性在于通过对链反应历程的细致研究，发现了爆炸反应的界限，并指出了链反应机理的普遍意义。

谢苗诺夫（右）和苏联物理学家卡皮查Ⓟ

谢苗诺夫的研究证明，对化学反应过程和化学反应动力学的研究有着重大的意义。他在总结自己的科研成果时认为，在化学史上相当长的一段时间中，化学家只注重于化学的始态和终态的研究，而忽视了过程，使化学动力学和化学过程的研究，落后于其他领域的研究。但实际上，化学反应过程是化学作为更复杂的科学而区别于物理学的基础和标志。在化学过程中，物质要发生极为复杂的变化，而在物理过程中，物质的本性没有发生或很少发生变化。

谢苗诺夫的理论深化了人们对复杂化学过程的认识，揭示了化学过程不同于物理过程的本质，指明了化学反应复杂的过程和机理，这在认识论和方法论上有着重大的意义。谢苗诺夫还把理论研究和应用研究有机地统一起来，促进了科学的进步和技术的发展。

谢苗诺夫1934年出版了《化学动力学与链反应》。谢苗诺夫因在化学动力学上的研究，特别是对链反应机理的研究，与英国化学家欣谢尔伍德共同获得1956年的诺贝尔化学奖。

1931年

鲍林提出杂化轨道理论

美国化学家鲍林18岁时开始对价键的电子理论发生兴趣。1927年，他和美国化学家斯莱特在最早的氢分子量子力学模型基础上发展了现代价键理论：(1)两个原子接近时，只有自旋方向相反的未成对电子可以相互配对(两原子轨道重叠)，使电子云密集于两核间，系统能量降低，形成稳定的共价键。(2)自旋方向相反的未成对电子配对形成共价键后，就不能再和其他原子中的未成对电子配对。所以，每个原子所能形成的共价键的数目取决于该原子中的未成对电子数目。这就是共价键的饱和性。(3)成键时，两原子轨道重叠越多，两核间电子云越密集，形成的共价键越牢固，这称为原子轨道最大重叠原理。因此，共价键具有方向性。

1922年鲍林从俄勒冈州立大学毕业时的毕业照Ⓦ

现代价键理论能说明许多分子的结构，但在解释甲烷的正四面体结构中4个碳氢键的等价性时遇到了困难。鲍林的光谱实验资料表明，碳原子基态的电子构型是$2s^2 2p^2$，依据现代价键理论就不能解释碳原子具有四个等价单键的事实。1928—1931年，鲍林进行了关于原子轨道杂化的研究。1931年，他首次提出“杂化轨道”的概念，并用杂化轨道理论分析了甲烷的四面体结构。这个理论的依据是电子运动不仅具有粒子性，同时具有波动性，而波又是可以叠加的。所以鲍林认为，碳原子和周围4个氢原子成键时，所使用的轨道不是原来的s轨道或p轨道，而是两者经过混杂、叠加而成的sp^3杂化轨道，sp^3杂化一般发生在分子形成过程中。杂化发生前，原子最外层s轨道中的一个电子被激发至p轨道，使将要发生杂化的原子进入激发态；之后，该层的s轨道与三个p轨道发生杂化。此过程中，能量相近的s轨道和p轨道发生叠加，组合成的四个杂化轨道重新分配能量并调整方向。其角度分布的极大值恰好指向四面体的四个顶点。杂化轨道在能量和方向上的分配更加合理，使物质更加稳定。杂化轨道理论很好地解释了甲烷的正四面体结构，也令人满意地解答了乙烯分子及其他许多分子的构型，完善了现代价键理论。

除sp^3杂化以外，还有两种由s轨道和p轨道杂化的类型。一种是1个s轨道和2个p轨道杂化，杂化后得到平面三角形结构的3个sp^2杂化轨道。例如，BF_3中的B的电子构型为$1s^22s^22p^1$，只有一个单电子，似乎只能形成一根键。而实验证明，气态BF_3的分子构型就是平面三角形结构，B原子位于三角形的中心，三个B–F键是等同的，键角为120°，这只能用sp^2杂化轨道理论解释。另一种是1个s轨道和1个p轨道杂化，杂化后得到呈直线分布的2个sp杂化轨道。同样，$BeCl_2$中Be的电子构型为$1s^22s^2$，无单电子，似乎不能成键。而实验证明，气态时$BeCl_2$分子构型为直线型，键角为180°，两个Be–Cl键是等同的，这也只能用sp杂化轨道理论解释。

鲍林(左)和美国儿科专家罗宾斯Ⓦ

1931—1933年间，鲍林提出"共振论"。1932年他提出"电负性"概念，用于度量分子中原子对价电子吸引能力的相对大小。

鲍林以其杰出的理论成就，被认为是20世纪对化学科学影响最大的人物之一。他所撰写的《化学键的本质》被认为是世界化学史上最重要的著作之一，这本书首次"使人们不用死记硬背就可以理解化学了"。由于对化学键本质的出色研究，鲍林被授予1954年诺贝尔化学奖。

鲍林是一位在众多领域中都颇有建树的科学大师，也是一位坚强的和平战士。他坚决反对把科技成果用于战争，特别是反对核战争。鲍林认为科学与和平是有联系的，科学知识提供了消除贫困和饥饿的可能性，显著减少了疾病造成的痛苦，还提供了有效使用资源的可能性。但是核战争可能毁灭地球和人类。1957年，鲍林起草了《科学家反对核实验宣言》。在征得49个国家11 000余名科学家的签名以后，鲍林将这份宣言交给了联合国。由于鲍林对和平事业的贡献，他在1962年又荣获了诺贝尔和平奖。

1932 年
马利肯和洪德提出分子轨道理论

追求对科学现象的完美解释是推动科学理论发展的原动力之一。20世纪初期，关于化合物结构与化学键的理论研究已经发展到现代价键理论阶段。现代价键理论由于其与古典价键理论的相似而易于为人们所接受。又因为“杂化轨道”概念的提出，CH_4四面体等化合物的结构也得到令人满意的解释。但在应用价键理论解释一些分子结构时还是会发生一些矛盾。例如：根据现代价键理论，O_2和B_2分子的电子均成对排列，应显示出“反磁性”，但实验现象却显示出与之相反的“顺磁性”。在这样的背景下，分子轨道理论诞生了。

马利肯(左)和洪德Ⓦ

早在1925—1927年，美国化学家马利肯和德国化学家洪德在尝试利用量子力学解释分子光谱谱图时首次提出分子轨道概念。随后经过几年的研究与修正，他们初步建立了分子轨道理论。1932年，马利肯首次将“轨道”一词引入到他们的理论之中。1933年，分子轨道理论被普遍接受，人们将该理论用于解释共价键问题，很好地说明了多原子分子的结构，解决了现代价键理论所面临的困惑。马利肯在提出分子轨道理论后又持续了几十年的相关工作，到1952年提出用量子理论阐明原子结合成分子时的电子轨道，使分子轨道理论得到进一步发展。

分子轨道理论将整个分子看作一个整体，电子不再从属于某个原子，而是在整个被称为分子轨道的空间范围内运动。分子轨道由对称性匹配、能量相近的原子轨道构成，原子轨道在组成分子轨道时，轨道数目不变，但能量发生变化。分子轨道能量低于原子轨道能量时可以成键，被称为成键轨道；高于或等于原子轨道能量时均不利于成键，分别被称为反键轨道和非键轨道。分子中的电子在一定的分子轨道上运动，其分布所遵循的规则与其在原子轨道中一样，即一个分子轨道最多只能容纳两个自旋方向相反的电子，这些电子优先占据能量最低轨道，并且尽可能分占不同轨道且自旋方向相同。

分子轨道理论的创新点之一在于打破了人们头脑中认为化学键的形成依赖于原子间相互作用的观念，它从量子力学出发，综合考虑分子中包含的所有原子核和电子之间的相互作用。另一方面，它将电子计算机技术运用到对具体分子的定量理论推算中。由于分子轨道涉及极其复杂的量子力学计算，马利肯敏锐地意识到刚刚兴起的电子计算机技术可能会在这方面带来突破，于是他与他在芝加哥的合作者们立即投入到这项艰辛的开创性工作中去。编写分子中电子结构的计算机程序是非常困难和费时的工作，编程后的计算也同样艰难。例如在早期的台式计算机上完成一个计算可能需要整整两年的时间（同样的计算用现在的计算机设备来进行只需一两分钟而已）。但他们顽强地进行着这项工作，先是通过分子轨道理论计算了小分子的不同性质，计算所得的理论值非常精确；后又找到了间接计算和分析大分子的方案。这些工作使分子轨道理论从定性走向定量，让理论推导与实验结果在对比中得到印证，继而进一步引导人们进行新的实验。

分子轨道理论的建立除了解释了现代价键理论所不能解释的现象外，还提出了三电子键和单电子键等概念，开辟了使用量子力学研究分子中电子运动状况及分子结构的新途径，目前已成为化学键研究领域的基本理论之一。马利肯因在研究化学键和分子的电子结构方面的杰出贡献而被授予1966年诺贝尔化学奖。

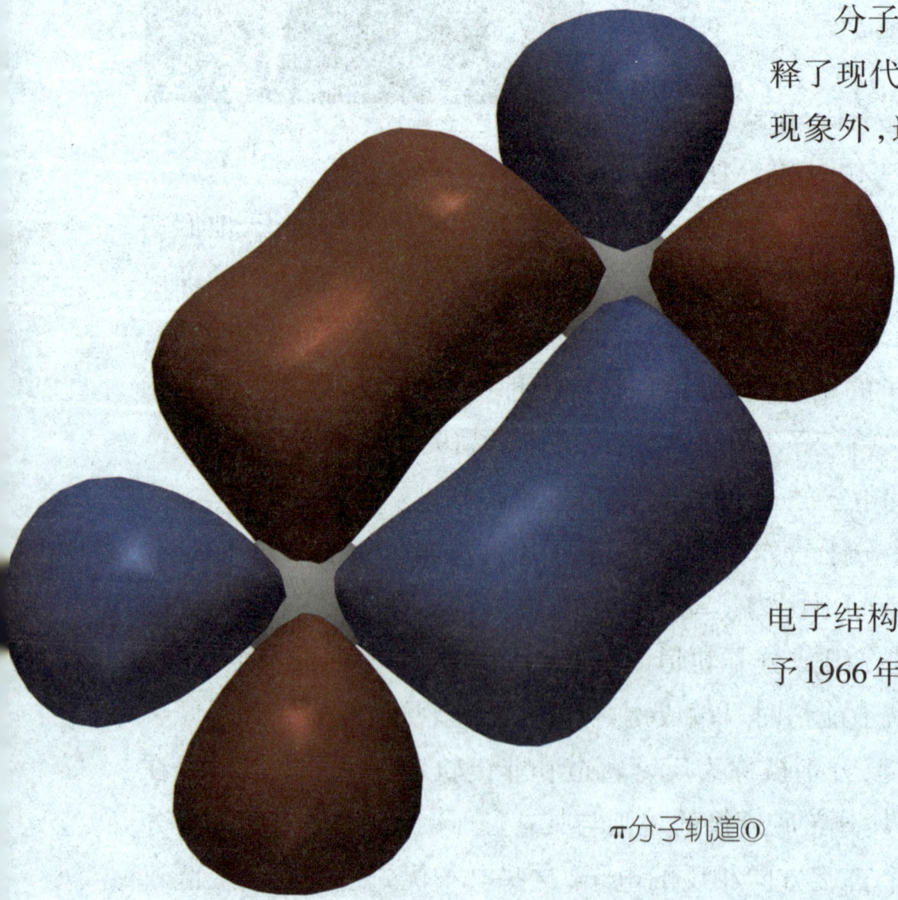

π分子轨道⓪

1933年
吉奥克突破1开超低温大关

绝对零度能否达到？为了寻找答案，很多科学家付出了艰苦的努力。1926年，美国化学家吉奥克提出通过顺磁物质绝热退磁获得超低温的新理论，并于1933年在实验中一举突破1开大关，使体系的温度达到毫开的量级，创造了非常接近于热力学温度为绝对零度的理想环境。

吉奥克对极端低温下物质的性质进行了系统的研究，取得了大量精确可靠的实验数据。以往在接近绝对零度区域的热力学数据只能通过大量实验数据的外推或理论推导得到，这严重制约了热力学的发展。吉奥克的工作突破了瓶颈，为验证热力学第三定律(绝对零度不可能达到)提供了坚实的实验基础。为此，他荣获了1949年诺贝尔化学奖。

吉奥克的研究成果为研究物质在超低温状态下的性质、反应和制备各种新材料提供了重要的条件，使更高强度的钢、更好的汽油和工业中许多更高效率的工序成为可能。在进行低温处理时的熵测定工作时，他与其他科学家合作对氧气的熵进行的相关研究，导致了地球大气中氧17和氧18同位素的发现，从而发现了自然界中的氧是三种同位素的混合物。

磁铁悬浮于超导体之上(迈斯纳效应)①

超低温技术大大扩展了科学家的视野，有着广泛而神奇的应用前景。例如，一般材料在温度接近绝对零度的时候，物体分子热运动几乎消失，材料的电阻趋近于0，变为超导体。超导体的用途非常广阔，主要有超导发电、输电和储能、超导计算机、超导天线、磁悬浮列车和热核聚变反应堆等。超低温技术在医学方面也有神奇的用途。例如，可用于器官、胚胎、疫苗、菌种的保存等。

1935年

卡罗瑟斯合成聚己二酰己二胺

1928年，美国杜邦公司设立基础化学研究所，年仅32岁的美国化学家卡罗瑟斯出任有机化学部的负责人。当时正值国际上对德国化学家施陶丁格提出的高分子理论展开激烈的争论，卡罗瑟斯赞扬并支持施陶丁格的观点，决心通过实验来证实这一理论。因此他把对高分子的探索作为有机化学部的主要研究方向。

卡罗瑟斯展示他合成的尼龙Ⓟ

刚开始时，卡罗瑟斯选择了研究二元醇与二元羧酸的反应，想通过这一被人熟知的反应来了解有机分子的结构与性质间的关系。在进行缩聚反应的实验中，卡罗瑟斯得到了相对分子质量约为5000的聚酯分子。为了进一步提高聚合度，卡罗瑟斯改进了高真空蒸馏器，并严格控制反应的配比，使反应进行得很完全，在不到两年的时间里使聚合物的相对分子质量达到10 000—20 000。

1930年卡罗瑟斯用乙二醇和癸二胺缩合制取聚酯。当从反应器中取出熔融的聚酯时，他发现了一种有趣的现象：这种熔融的聚合物能像棉花糖那样拉出丝来，而且这种纤维状的细丝经过冷却后还能继续拉伸，拉伸长度是原来的几倍，经过冷拉伸后，细丝的强度和弹性大大增加。这种从未有过的现象使他们预感到这种特性可能具有重大的应用价值，有可能利用熔融的聚酯来仿制纤维。所以虽然他们合成的这种聚酯具有易水解、熔点低(标准大气压下低于100℃)、易溶解在有机溶剂中等缺点，不适宜商品化，但他们没有停止研究的脚步，他们开始对一系列聚合物进行深入研究。

为了制得高熔点、高性能的聚合物，卡罗瑟斯和同事们把注意力从原来的脂

1954年，一名女子在检查尼龙丝袜Ⓦ

肪醇和脂肪酸的聚合反应转移到了二胺与二酸的聚合反应上。1935年初，卡罗瑟斯决定用戊二胺和癸二酸合成聚酰胺，结果发现用这种聚酰胺拉制的纤维的强度和弹性都超过了蚕丝，而且不易吸水，很难溶，不足之处是熔点较低，所用原料价格很高，仍不适合商品化生产。卡罗瑟斯紧接着又用己二胺和己二酸进行缩聚反应，终于在1935年2月28日合成出了聚己二酰己二胺，又称尼龙。这种聚合物不溶于普通溶剂，具有263℃的熔点，在结构和性质上很接近天然丝，拉制的纤维具有丝的外观和光泽，其耐磨性和强度超过当时任何一种纤维，而且原料价格也比较便宜。

要让实验室成果变成商品，首先必须解决原料的来源问题。杜邦公司采用新催化技术，以廉价的苯酚为原料制出了大批量的己二酸。随后又发明了用己二酸生产己二胺的工艺，首创了熔体丝纺新技术，将尼龙加热熔化，经过滤后再吸入泵中，通过喷丝头喷出细丝，经空气冷却牵伸定型形成纤维。1938年7月，杜邦公司完成了对首次生产出的聚己二酰己二胺的测试。同月，用尼龙做牙刷毛的牙刷开始投放市场，人类第一种合成纤维就此进入了我们的生活。

但遗憾的是，尼龙的发明者卡罗瑟斯却没能看到尼龙的实际应用。卡罗瑟斯患有严重的抑郁症，加之1936年他心爱的姐姐去世，他的心情更加沉重。这位在高分子化学领域作出了杰出贡献的化学家，于1937年4月29日在美国费城一家饭店的房间里饮用了掺有氰化钾的柠檬汁而自杀身亡。为了纪念卡罗瑟斯的功绩，1946年杜邦公司将其尼龙研究室改名为卡罗瑟斯研究室。

卡罗瑟斯用他对聚酯和聚酰胺的研究成果，验证了施陶丁格的高分子理论的正确性。同时聚己二酰己二胺的合成也奠定了合成纤维工业的基础，使纺织品的面貌焕然一新。聚酰胺纤维至今仍然是世界上三大合成纤维之一。

1935年
艾林等提出反应过渡态理论

1930年代，美国理论化学家艾林、匈牙利—英国化学家迈克尔·波拉尼和英国化学家梅雷迪思·埃文斯根据量子力学和统计力学的原理，通过对分子碰撞瞬时过程的细致描绘，提出了有关双分子反应的过渡态理论，也称活化络合物理论。

艾林Ⓟ

过渡态理论是一种关于反应速率的理论。该理论认为，化学反应不是通过反应物分子的简单碰撞就可以完成的，反应发生的前提是双分子的有效碰撞（即活化分子的碰撞），有效碰撞决定了反应的速率。两个分子发生碰撞反应时，先形成势能较高的活化络合物，活化络合物所处的状态叫过渡态。过渡态具有比反应物分子和产物分子都要高的势能，互撞的反应物必须具有较高的能量才能达到过渡态的构型，处于过渡态的活化络合物是一种不稳定的反应物原子组合体，它可以很快地分解为产物。这与爬山类似，山的最高点便是过渡态。过渡态理论给研究者提供了一个了解化学反应是如何发生的概念基础。

过渡态理论的基本出发点是化学反应从本质上看是原子之间的重新排列组合，在排列组合的过程中，体系的势能降低，使得反应能进行下去。

有机反应可分为只有一个过渡态没有活性中间体的一步反应和既有过渡态又有活性中间体的多步反应。多数有机反应是多步反应。在多步反应中，活性中间体处于两个过渡态高峰之间的凹谷处。过渡态理论既将反应速率与反应物分子的微观结构联系起来，引入活化配合物、过渡态等概念，又与热力学相联系，指出反应速度不仅与活化能有关，还与活化熵有关。它是化学反应速率理论的重要发展。

1938年 普伦基特发现聚四氟乙烯

1935年前，在高分子合成领域，对各种卤代乙烯的聚合已进行了一些研究，但没有迹象表明四氟乙烯能聚合成高聚物。人们普遍接受的观点是：乙烯分子中的4个氢全被卤素取代后就不能进行聚合。

普伦基特是美国杜邦公司的研究人员。1938年，他正在研究氯氟烃的制备，打算先合成一些四氟乙烯，以备实验之需。他将制备出的四氟乙烯贮于钢瓶中，钢瓶存放在用干冰制冷的冷库里。有一天，普伦基特将钢瓶中的四氟乙烯气体通过流量计流向反应器，与其他物质起反应。实验开始后不久，普伦基特开启钢瓶的阀门，却发现没有如预想的那样有大量的气体四氟乙烯逸出。普伦基特检查了钢瓶重量，发现钢瓶里应该还有很多东西。于是他把阀门打开，并用一根铁丝通了通阀门口，但没有气体泄出。然后，他把阀门拆下，并倾倒钢瓶，只见一些白色粉末掉了出来。接着，他又倒出了更多白色粉末。这下普伦基特明白了：原来四氟乙烯聚合了，这白色粉末是它的聚合物。1941年，普伦基特通过专利把聚四氟乙烯公之于世。

由于聚四氟乙烯分子中氟原子半径比氢原子大，所以整个高分子链几乎全被氟原子所覆盖，没有足够的空间使其按反式交叉取向排列。这使聚四氟乙烯具备了各种优异的性能。聚四氟乙烯在-196℃至260℃间能保持优良的力学性能；它基本不溶于任何化学试剂，酸性比王水强许多倍的“魔酸”也能安全地存放在聚四氟乙烯容器中；它的摩擦系数非常小，且氟-碳链分子之间的作用力极低，所以用来制作的产品润滑程度高、不易黏附。聚四氟乙烯具有各种优异的性能，因此被誉为“塑料王”。

聚四氟乙烯被制成不粘锅的不粘涂层①

1940年
鲁宾和卡门制成碳14

自然界中碳元素有三种同位素，即稳定同位素碳12、碳13和放射性同位素碳14。1939年，美国纽约大学的科学家在进入地球高空大气的气球上安装了放射性计数器，发现宇宙射线撞击原子产生了中子雨，这些中子被空气中的氮吸收后衰变成放射性的碳14。1940年，美国生物化学家萨姆·鲁宾和物理学家卡门在同步加速器中，用中子轰击石墨，使它发生蜕变，从而首次在实验室中人工制成了放射性碳14。

碳14定年法所使用的合金计数管⓪

碳14的应用主要有两个方面：一是在考古学中测定生物死亡年代，即碳14定年法；二是以碳14标记化合物为示踪剂，探索化学和生命科学中的微观运动。

碳14定年法是如何测定古代文物的年代的呢？由于碳14是宇宙射线与大气中的氮发生核反应产生的，所以它和碳12以一定的比例（大气中每1×10^{12}个碳12原子中，会有一个碳14原子）混合存在于大气中的二氧化碳里。所有的植物在进行光合作用时，都要吸收二氧化碳，而所有生命最终都要依赖植物作为食物。这样碳14随着生物体的新陈代谢，经过食物链进入一切活的生物体中。由于碳14一边在生成，一边又以一定的速度在衰变，所以一切活的生物体内碳14含量和碳12的比值就和大气中的比值基本保持一致。一旦生物体死去，就会停止新陈代谢，在以后的时间里，该生物体内的碳12通常不再发生变化，而它体内的碳14会因衰变而逐渐减少，也就是说，每过5730年（半衰期），它体内的碳14就会因为放射性而减少一半。因此对于任何生物体遗骸，只要测定剩下的放射性碳14的含量，就可推断其存活时的年代。

鲁宾和卡门的老师，美国放射化学家利比因为于1947年创立了利用碳14测定地质年代的碳14定年法而获得1960年诺贝尔化学奖。目前，碳14定年法已成为最常用的考古方法，它能测定的最远年份可以达到50 000年。

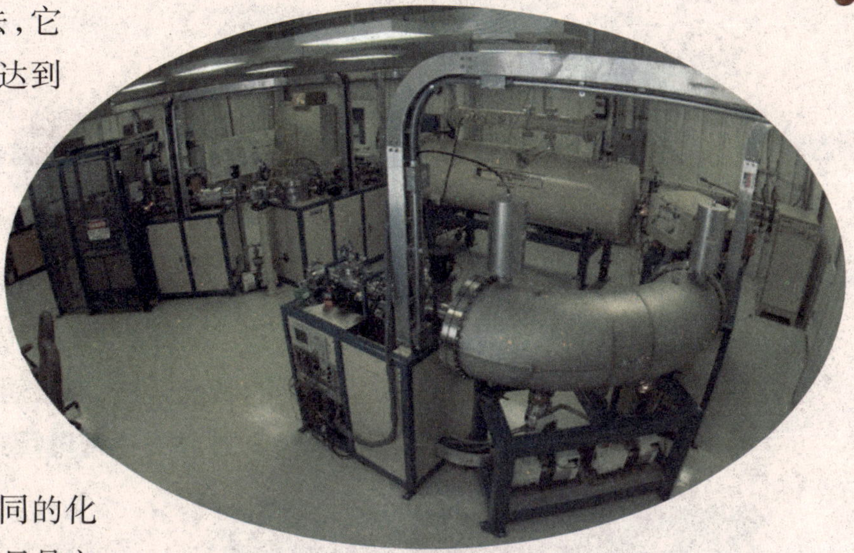

现在碳14含量通常用加速器质谱计（AMS）来测定ⓦ

碳14标记化合物是指用放射性碳14取代化合物中的稳定同位素碳12，并以碳14作为标记的放射性标记化合物。它与未标记的相应化合物具有相同的化学与生物学性质，不同的只是它带有放射性，可以利用放射性探测技术来追踪它的踪迹。碳14的半衰期长，衰变出的射线能量较低，属于低毒核素，比较安全，碳14标记的产品通常可以长期贮存和使用，较为安全简便，所以碳14标记化合物有着非常重要和广泛的应用。

在基础科学研究方面，碳14标记化合物可用于化学反应机理、碳原子定位、同位素交换、同位素动力学效应、辐射化学效应，以及生理、病理、药理等方面的研究。在疾病防治上，碳14标记化合物被广泛用于体外诊断的放射性分析。它的诊断特异性强、灵敏度高、精确性和精密性好，使得许多疾病可以在早期被发现，为有效防治疾病提供了条件。例如，幽门螺杆菌是引起胃炎、胃溃疡、十二指肠溃疡、胃癌等疾病的致病菌，根除幽门螺杆菌成为现代消化道疾病治疗的重要措施。为检查患者有没有感染幽门螺杆菌，临床上需要一种敏感性高、特异性强、快速、简单、安全、廉价的诊断方法。碳14尿素呼气试验就是目前临床上最常用的方法之一，其准确率达95%以上。因为幽门螺杆菌可以产生高活性的尿素酶，所以当病人服用碳14标记的尿素后，如果胃内存在幽门螺杆菌，它们产生的尿素酶就会将尿素分解为氨和碳14标记的CO_2，碳14标记的CO_2会经呼气排出，定时收集呼出的气体，测定呼气中碳14标记的CO_2的含量，就可以判断是否存在幽门螺杆菌感染。

1941年

温费尔特和狄克逊合成聚对苯二甲酸乙二酯

德国化学家施陶丁格于1922年提出“高分子化合物”的概念，预示着合成纤维时代的到来。8年后，美国杜邦公司研究人员卡罗瑟斯利用乙二醇和癸二酸缩合制成了聚酯，但由于他们所研究的聚酯都是脂肪酸和脂肪醇的聚合物，具有易水解、熔点低、易溶于有机溶剂的特点，性质与设想中的合成纤维相差太远，所以当时普遍认为聚酯不适合作为商用合成纤维进行开发。

用涤纶制成的衣物结实耐用、价格便宜，曾风靡全球Ⓟ

就在大家心灰意冷的时候，英国化学家温费尔特和狄克逊分析了卡罗瑟斯的研究过程以及相关文献资料，找到了失败的原因，并改用对苯二甲酸与乙二醇进行缩聚反应，于1941年首次成功合成出优质的聚酯纤维，其化学名称为聚对苯二甲酸乙二酯，商品名称为涤纶。由于第二次世界大战的爆发，这一发明被搁置，直到1945年才开始工业化研究。由于苯二甲酸纯化困难，1946年，温费尔特又改用对苯二甲酸二甲酯与乙二醇作为原料。1950年，美国杜邦公司建成年产量为5万吨的聚酯纤维工厂，标志着涤纶进入大规模工业生产阶段。之后，各国也相继进行生产，涤纶很快就在全世界流行起来。到了1970年代，它已经成为合成纤维中发展最快、产量最大的品种。

涤纶的特点是弹性好、强度高、耐磨、耐热、化学性质稳定，用它织出的面料的牢固度是其他面料的3—4倍，而且外形挺括，纤维表面光滑，吸湿性低，易于清洗和晾干。因为这些特殊性质，涤纶在很长一段时间内一直是产量居于前列的合成纤维之一。

1944—1976年

伍德沃德合成一系列复杂有机化合物

伍德沃德是20世纪在有机合成化学实验和理论上取得划时代成果的美国有机化学家。他年轻时候看到了用于治疗疟疾的生物碱奎宁(金鸡纳碱),就对奎宁的制备产生了兴趣,下定决心要合成出奎宁。据说他曾经自行尝试设计合成路线,并由此迷恋上有机化学。

伍德沃德Ⓟ

1944年,年仅27岁的伍德沃德就和他的同事首次成功合成了奎宁,令化学界权威人士刮目相看。这一成果也受到了一般民众和媒体的普遍赞誉。美国的《时代》和《新闻周刊》等重要媒体都对此作了报道。因为当时正值二战时期,大家以为此项突破可以解决东南亚国家被日军占领而造成的奎宁药材短缺问题,但当时的合成工艺无法做到大量工业化生产。不过,这依然是近代有机合成领域里的一大里程碑式的成果,因为当时普遍认为如此复杂的分子难以被人工合成出来。

其实,这一合成只是伍德沃德一生完成的无数极端复杂而精妙的合成里的第一个。之后,他以正确的理论指导、缜密的设计、极其精巧的合成技术以及杰出的组织才能,合成了一系列愈来愈复杂的有机化合物,如常绿钩吻碱、棒曲霉素、胆固醇、可的松、马钱子碱、麦角酸、羊毛醇、利血平、玫瑰树碱、叶绿素、四环素、秋水仙素和头孢霉素C等有机化合物。

从1944年首次合成奎宁算起,一直到他去世后第三年(1981年)才发表的红霉素的人工合成,伍德沃德在他的学生和合作者的参与下,共合成了约20种极难合成的复杂有机化合物,测定了11种复杂化合物的结构与功能。因此他被誉为"现代有机合成之父"。1965年,伍德沃德因在合成复杂有机分子方面的杰出贡献而荣获诺贝尔化学奖。

获奖后,他继续挑战更复杂的化学合成。他组织了14个国家的110位化学家,协同攻关,探索维生素B_{12}的人工合成问题。他们共做了近千个复杂的有机合成实验,经过11年的努力,终于在1973年完成了维生素B_{12}的全合成。

伍德沃德研究叶绿素的结构Ⓟ

维生素B_{12}是一种含钴的有机化合物，结构极为复杂，1955年其结构才被确定。维生素B_{12}分子中有181个原子，其中有9个手性分子，可能的异构体达512个，在空间呈魔毡状分布。自然界的维生素B_{12}都是微生物合成的。维生素B_{12}的性质极为脆弱，受强酸、强碱、高温的作用都会分解，这就给人工合成带来极大的困难。伍德沃德设计了一个拼接式的合成方案，即先合成维生素B_{12}的各个局部，然后把它们拼接起来。

人们公认维生素B_{12}的合成是有机合成领域的经典之作，标志着有机合成中反应选择性这一核心问题的研究取得了突破性进展。伍德沃德的方法后来成了合成有机大分子普遍采用的方法。在伍德沃德工作的1940年代到1970年代，不对称合成还没有兴起，因此构建一个手性中心是很困难的。伍德沃德凭借构建刚性骨架，迫使分子采取一定的构型，以此来构建手性中心。

合成维生素B_{12}不仅需要合成技术的创新，还有一个突破传统化学理论的问题。为此，1965年，伍德沃德与他的学生兼助手罗阿尔德·霍夫曼，提出了分子轨道对称守恒原理，可用于直观地解释电环合反应、环加成反应等很多有机化学过程。分子轨道对称守恒原理的创立，使霍夫曼和日本化学家福井谦一（提出前线轨道理论）获得了1981年诺贝尔化学奖。可惜此时伍德沃德已去世2年，否则他很可能成为第二个两次获得诺贝尔化学奖的科学家。

1945年

施瓦岑巴赫发明络合滴定法

1930年代，人们已经知道氨三乙酸、乙二胺四乙酸(EDTA)等氨基多羧酸在碱性介质中能与钙、镁离子生成极稳定的络合物，并将之用于水的软化和皮革脱钙，但当时人们还不知道用这种络合性质来进行定量分析。

1945年，瑞士化学家施瓦岑巴赫对这类化合物的物理化学性质进行了广泛研究，提出以紫脲酸铵为指示剂，用EDTA滴定水的硬度，获得了很大成功。

1946年，施瓦岑巴赫又提出铬黑T作为这项滴定的指示剂，奠定了EDTA滴定法的基础。随后,施瓦岑巴赫发现EDTA在水溶液中几乎能与所有金属阳离子形成络合物，但产物的稳定性差别很大。深入研究得知，EDTA络合物的稳定性受酸度的影响：在不同pH下，同种金属离子形成络合物的平衡常数不同，酸度越高，络合物的稳定性越低；对于不同的金属离子，在相同pH下稳定性也不同。根据每一种金属络合物的稳定性可以确定它们相应的pH滴定范围，这一方法可以通过调节待测溶液的pH，选择性地滴定pH范围相差较大的金属离子。

但是利用酸效应以提高滴定的选择性是有限度的，对于pH范围较为靠近的金属离子，调节pH的方法无法排除相互间的干扰。研究发现，利用合适的掩蔽剂来提高EDTA滴定的选择性是行之有效的方法。1948年，施瓦岑巴赫提出以氰化钾(KCN)为掩蔽剂掩蔽Cd^{2+}、Zn^{2+}、Cu^{2+}、Ni^{2+}、Co^{2+}，用氟化铵(NH_4F)掩蔽Al^{3+}。调节pH与掩蔽干扰离子两种方法结合在一起，使得络合滴定法快速发展成为选择性好、准确度高的化学分析法，到1960年代，它已能测定66种元素。

乙二胺四乙酸二钠⊙

1948年

维兰德等发明纸上电泳层析

在研究物质化学成分的过程中，经常需要对物质进行分离。层析和电泳是两种非常有效的分离技术。前者由俄国植物学家、化学家茨维特于1906年发明，后者由瑞典化学家蒂塞利乌斯于1937年发明。

层析法是利用混合物中各组分在物理、化学性质上的差异将其分离的方法。这些物理、化学性质一般是指吸附力、溶解度、亲和作用和分子极性等。由于这些性质的差异，混合物中的不同组分在固定相和流动相中的分配比不同。当液相相对固相运动时，各组分在两相中进行多次再分配，各组分与固相作用的强弱差异导致其向前移动速度不同，从而它们可被分离开来。茨维特在研究叶绿素时首次应用了层析法。

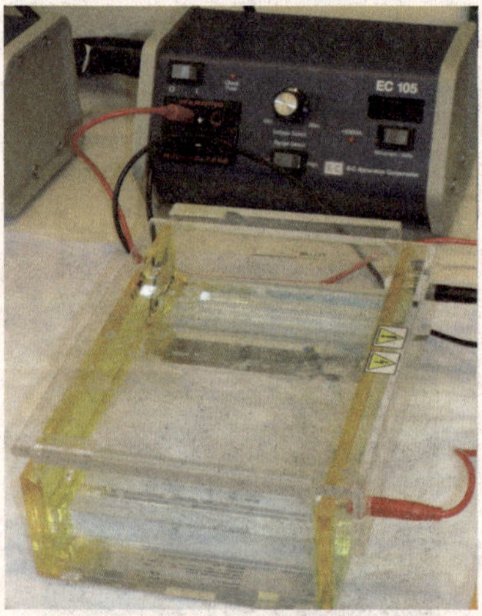

凝胶电泳仪①

电泳法利用溶液中带电粒子在电场中发生移动而达到分离的目的。溶液中不同的微粒所吸附的离子的电荷不同，带正电荷的微粒在电场中向阴极移动，带负电荷的微粒在电场中向阳极移动，并且不同粒子在电场中的移动速度不同，利用这点可实现多组分的分离。蒂塞利乌斯首次利用电泳装置分离了三种球蛋白。此后，电泳技术开始作为一种重要的分离技术被推广开来。

1939年，将层析和电泳两种方法结合起来的电泳层析法出现。利用该方法，在氧化铅吸附柱两端加上175—200伏电压，可以成功分离一些染料。几年后，电泳层析法又被应用于生物碱和无机离子的分离、硅胶柱中肽类的分离，以及琼脂凝胶中高分子蛋白质的分离。

1948年，德国化学家维兰德等将电泳层析中的吸附柱用浸泡过缓冲溶液的滤纸条来替代，成功地进行了纸上电泳层析实验。维兰德将此装置用于分离氨基酸和肽类，获得满意的实验结果。纸上电泳层析分离法具有操作方便、分离速度快等特点，使电泳层析技术又向前迈进了一大步。

1950 年代

豪普特曼和卡尔勒建立测定晶体结构的直接法

就晶体空间结构的测定而言，X射线衍射可为我们提供两方面的信息：衍射方向和衍射强度。根据衍射方向可确定晶胞的大小和形状(晶胞参数)；根据衍射强度可确定晶胞中原子的种类、数目和分布，进而确定键长、键角以及整个晶体的空间结构。

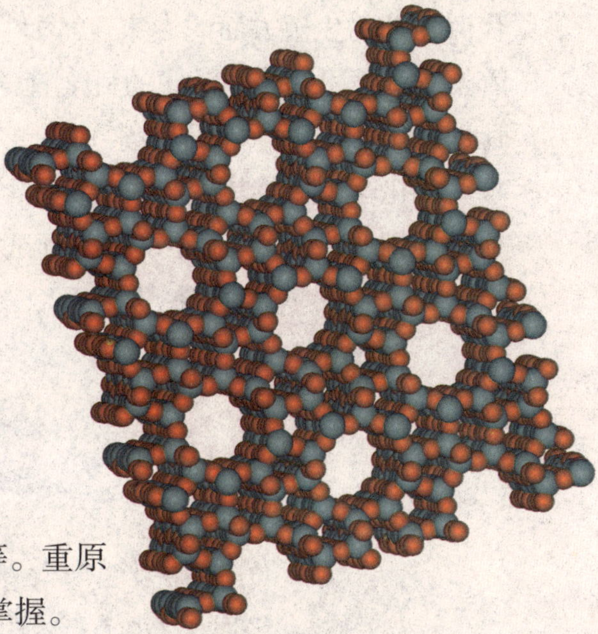

X射线衍射用于研究铝硅酸盐的结构Ⓦ

由X衍射图像确定晶体空间结构并不容易。众所周知，波既有强度又有相位，两列波相加时，若相位差为0或2π，则为相加性干涉，若相位差为π，则为相消性干涉。若不知两列波的相位差就无法相加，正如只知向量的大小，不知向量的方向，是无法求得向量和的。所以结构解析的关键是确定衍射波的相位。解决的方法有重原子法、试错法和直接法等。重原子法有先天的限制；试错法工作量大，不易掌握。

美国数学家豪普特曼和美国化学家卡尔勒合作，在1950年代用统计方法研究了晶体的衍射数据，发现衍射图像通过数学变换，可直接得到晶体的三维结构，这便是直接法。

豪普特曼认为电子衍射和X射线衍射密切相关，并认为完全有可能将X射线衍射图像转化为晶体的空间三维结构。于是他与卡尔勒开展合作研究，先是以非常繁琐的手算方法分析出了硬硼钙石晶体的结构。在1950—1955年间，他们又用这种方法测定了其他几种分子的结构。随着电子计算机的普及与发展，直接法中的计算繁复问题得到解决，晶体的结构分析逐渐变得简便有效。

豪普特曼和卡尔勒因建立测定晶体结构的直接法而荣获1985年诺贝尔化学奖。他们的工作让化学真正进入分子时代。

1950 年代

平卡斯等发明口服避孕药

20世纪，有机合成工作遍布许多领域。由于有机合成方法的不断创新，人们除了用化学试剂修饰某些天然药物外，还可以合成许多新药物。1950年代，一种新药物诞生了，它给人类生活带来了巨大的变化，这种新药物就是口服避孕药。

口服避孕药的避孕原理主要是抑制排卵、阻碍受精。1950年代始，甾醇类代谢和动物生殖方面的专家、美国科学家平卡斯开始着手研发口服避孕药。凭着丰富的技术知识和敏锐的科学直觉，他立刻找到了研发的关键，即孕激素。他让助手用黄体酮（一种孕激素）进行动物实验，结果非常理想。1953年4月，他请求一些化学公司将其生产的与黄体酮化学性质相似的任何合成甾醇类样品送给他。他对这些化学药品分别进行试验，结果发现其中的羟炔诺酮似乎特别有效。它是由瑟尔公司的生物化学家科尔顿等研发的，当时他们还没有意识到自己已经发明了一种口服避孕药。

口服避孕药给人类生活带来了巨大的变化Ⓨ

由平卡斯组建的研究小组进一步发现，羟炔诺酮内如果掺入少量的另一种化学药品——炔雌醇甲醚，就会变得更为有效。这种复方药物最终由瑟尔公司命名为异炔诺酮。1955年，在日本东京举行的国际计划生育联合会代表大会上，平卡斯宣布了这种避孕药的发明。1956年，平卡斯在波多黎各圣胡安的一个郊区进行了大约9个月的试验，证明了这种药的效果十分显著。1960年5月，美国食品药物管理局批准异炔诺酮上市销售。

这种最早的口服避孕药是团队合作的结晶，但是从整个发明过程来看，平卡斯无疑是整个团队的核心人物，是推动整个科研项目前进的动力。他一直引导着这项研究，直到研究获得成功。因而，平卡斯也被许多人称为“避孕药之父”。

20 世纪中叶

哈塞尔等推进立体化学的发展

立体有机化学的发展经历了两个重要突破。一个突破产生于19世纪末，其主要贡献者为范托夫。1874年，他提出的碳正四面体构型学说，成功地解释了当时发现的，但无法用经典结构理论来加以解释的乳酸异构体的异构现象。另一个突破产生于20世纪中叶。其主要贡献者是挪威化学家哈塞尔和英国化学家德里克·巴顿。他们使构象研究有了新的方法——构象分析法。

由于分子中的原子或基团绕单键自由旋转，分子在空间会产生不同的排列，这种特定的排列形式称为构象。1930年代，哈塞尔就用X射线衍射等物理测量方法对许多环己烷的衍生物进行了结构分析。他发现环己烷的船式和椅式构象是普遍存在的，并且可以通过热运动相互转化。哈塞尔的工作发展了有机化学中结构的概念，把结构的分析深入到了构象层面，建立了构象分析法。后来，哈塞尔还发现，许多生命物质（如蛋白质、核酸）都是在一定的构象下才具有生理活性。

哈塞尔ⓦ

早在20世纪初，德国化学家温道斯和维兰德就先后测出了胆固醇和胆汁酸的结构，但是他们无法解释这类具有重要生理活性的甾族化合物的某些特殊性质。巴顿认为这些特殊性质必然与它们结构上的特殊形态有关系。他用X射线衍射技术对甾族化合物进行结构分析后，发现甾族化合物的四个环中，三个有环己烷骨架的环都是以椅式构象存在的，这正是它们具有特殊性质的原因。他于1950年代初发表的关于构象分析的著名论文，被认为是对立体化学和有机结构理论的一大贡献。

1960年代后，巴顿在合成甾醇类激素方面又取得重要成就，发明了合成醛甾酮的简便方法，后被称为巴顿式反应。他因在测定一些有机物的三维构象上所作出的贡献而与哈塞尔共获1969年诺贝尔化学奖。

比较上述立体化学的两次大突破，可以看到一些共同之处。首先，两次突破都是采用了非经典的研究方法。第一次采用了理论推测的方法；第二次突破了纯粹化学方法，采用了物理测量方法。其次，两次突破的形成都源于当时人们对化学的认识已经不能解释当时所发现的现象。第一次是19世纪后半期的异构现象的发现；第二次是对天然化合物的研究，吸引了大批化学家，他们需要解释的工具。

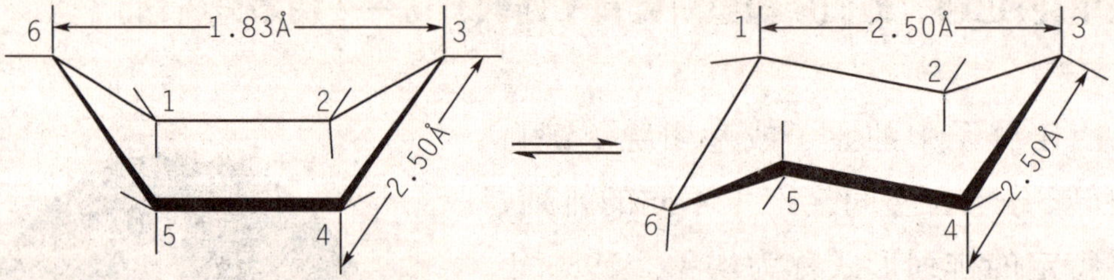

环己烷的构象⑪

20世纪的立体化学在这两大突破后继续发展。1953年，南斯拉夫-瑞士化学家普雷洛格在研究苯乙酮酸的非对称脂与甲基碘化镁的反应时，发现两个混合在一起的非对映立体异构体的加成物水解后，生成物中一种对映体的比例偏多，即具有旋光性。他在进一步研究后得出结论：不同构象影响着大小不同的原子和原子团在反应物中与反应原子的替换结果，从而影响到产物的旋光性。这一理论的提出为微生物立体专一性等现象的解释提供了理论依据，对研究酶、辅酶与底物间的反应有着重要的指导意义。

1960年代，澳大利亚化学家康福思研究了酶-底物复合体的作用过程和反应机理。通过研究，他发现了物质的化学特性与其三维结构密切相关：若把酶催化的物质称为底物，酶和底物的关系就像锁和钥匙那样。酶是一个蛋白质长链，该长链折叠形成的高级结构具有一定形状的凹陷，可以把底物正好嵌在里面，所以这种催化是具有高度立体专一性的。他的发现在一定程度上揭示了生物系统的反应机制，解释了为什么在酶催化下，生物体内发生的化学反应能够在常温常压下平稳进行。由于对立体化学的贡献，康福思同普雷洛格共同获得1975年诺贝尔化学奖。

20 世纪中后期

波普尔与科恩推进量子化学计算

你可能认为化学是一门经验性的科学，它的进程依赖于无数个实验的经验积累，关于化学的理论也是从无数个实验中归纳而成。但事实上，除了实验之外，化学理论也会经由演绎获得。最典型的例子是量子化学。量子化学的工作方式不依赖于实验，而是依赖大量的量子化公式的数学运算，并采用演绎的方法，建立模型，提出能够对事实进行说明或者预测尚未出现的现象的理论。

1927年，英国物理学家海特勒和弗里茨·伦敦求解关于氢分子的薛定谔方程，开创了量子化学。但是薛定谔方程太复杂，计算量太大。计算中最费时的是包含库仑作用矩阵元和交换作用矩阵元的双电子积分，这类双电子积分的数量正比于体系中电子总数的四次方。假如要计算一个含有100个电子的分子，先要计算1亿个双电子积分！如果计算全部的双电子积分，便是量子化学中的“从头计算法”。

科恩⓪

“从头计算法”基于对分子中每个单电子运动的计算，使得计算本身在数学上非常复杂。很多科学家致力于改进和发展量子化学计算方法。

英国化学家波普尔就在这一方面进行了大量研究。他在1950年代对量子化学的自洽场分子轨道法（利用自洽迭代过程处理分子轨道的方法）作出过贡献。自洽场分子轨道法是一种求解多粒子系统薛定谔方程的近似方法。这种方法近似地用平均场来代替其他粒子对一个粒子的作用，从而将多粒子系统简化为单粒子波函数来求解。这种解不能一步求出，要用迭代法逐次逼近，直到计算结果满足所要求的精度为止。此前有研究者提出忽略大多数双电子积分的“零微分重叠近似”处理方法。波普尔在深入研究后认为，零微分重叠近似的处理偏差较大。他提出任何具体近似计算方案必须在坐标系不变的条件下进行；同时也可以用原子电离能、电子亲和能等基本性质的实验值来近似替代计算量较大的双电子积分，这样可以在一定程度上减少计算量。

波普尔的另一个重要贡献是用高斯函数突破了实现HFR方程计算的关键障碍，完成了最著名的量子化学计算软件包“高斯70”，之后又不断推出软件包的新版本，使计算达到更高的精度。借助波普尔设计的计算程序，人们可以获知分子的特性，预测化学反应会如何发生。

美国量子化学家瓦尔特·科恩在1964—1965年提出，知道分布在空间任意一点上的平均电子数已经满足计算的要求，没有必要考虑每一个单电子的运动行为。也就是说，一个量子力学体系的能量仅由其电子密度决定。这一思想带来了一种十分简便的研究多电子体系电子结构的量子力学计算方法——密度泛函理论。电子密度比波函数容易处理得多，而且密度泛函理论中还融入了统计思想，不必考虑每个电子的作用，只需要求总的电子密度，这使得计算量大幅度减少，从而使大分子系统的研究成为可能。酶反应机制的理论计算就是一个典型的实例。科恩的密度泛函理论在物理和化学上有着广泛的应用，特别是用来研究分子和凝聚态的性质，是凝聚态物理和计算化学领域最常用的方法之一。

1998年诺贝尔化学奖被授予科恩和波普尔，以表彰他们在量子化学领域作出的开创性贡献。他们的贡献使化学不再是纯实验科学，理论化学的进展大大深化了人们对化学反应的认识。

1998年，时任美国总统克林顿会见部分诺贝尔奖获奖者，右起第三为波普尔Ⓦ

20世纪中后期

人工合成元素出现

人工合成元素是指自然界不存在的、通过人工方法制造出的化学元素。人工合成元素的产生方式主要是核聚变和中子俘获。人工合成元素均不能稳定存在。

1920年代末，由第1号氢元素到第92号铀元素组成的元素周期表只剩下43号、61号、85号、87号四个空位，全球的科学家都在想尽办法填补这四个元素的空位。

1937年，意大利物理学家塞格雷和意大利矿物学家佩里埃在回旋加速器中用中子或氘核轰击42号元素钼，从而分离得到了43号元素锝。锝填补了元素周期表中的一个空白，成为第一个人工制得的元素，因而被命名为“technetium”，即希腊语中“人工制造”的意思。锝不存在稳定同位素，其中最稳定的同位素锝98的半衰期为420万年，远低于地球寿命，因此地球形成时的锝现在已经全无踪迹。

亥姆霍兹重离子研究中心的实验设备①

制得锝后，科学家们又相继制得了一系列元素。美国吉奥索等于1949年制得第97号元素锫，1950年制得第98号元素锎，1952年制得第99号元素锿和第100号元素镄，1955年制得第101号元素钔。1957年瑞典诺贝尔研究所制得第102号元素锘。1961年和1968年，吉奥索等又分别制得第103号元素铹和第104号元素𬬻。1968年苏联科学家制得了第105号元素𬭊。1974年，苏联科学家和美国科学家几乎同时发现了第106号元素𬭳。1981年，德国科学家制得了第107号元素𬭛。1982年和1984年，德国化学家明岑贝格制得了第109号元素鿏和第108号元素𬭶。1994年，德国亥姆霍兹重离子研究中心(GSI)制得了第110号元素𫟼和第111号元素𬬭，两年后又制得112号元素鿔。随后，第113、114、115、116和118号元素也陆续成功合成。

1952年
福井谦一提出前线轨道理论

日本第一位诺贝尔化学奖获得者福井谦一自幼喜欢数学，后在亲戚的影响下进入日本京都大学工业化学系学习。学的虽是化学，但他没有放弃自己对数学的兴趣，选修了大量数学和理论物理方面的课程，这些课程为他今后从事量子化学的研究打下了坚实的数理基础。1941年，福井谦一大学毕业，进入京都大学燃料化学系继续深造。其导师早年留学德国，返回日本时带回了大量欧洲的书籍资料。在当时的欧洲，量子理论正处于空前的发展之中。福井谦一通过这些珍贵的书籍，接触到了当时理论研究的前沿。1948年，福井谦一获得了博士学位。毕业后的福井谦一留在京都大学燃料化学系，在一间条件简陋的研究室中从事理论研究。

京都大学的福井谦一纪念碑①

1940年代末，有机化学已经发展到可以合成大量非天然化学物质的水平，化学家已经可以通过各种合成途径获得某些预期的产品，在实验室中合成那些植物体和动物体内的有机化合物的尝试越来越多。在合成预期产品（特别是芳香族化合物）的过程中，确定各个不同位置原子的亲电或亲核取代反应的相对活性是一个重要的问题。为了提高合成产品的量，必须对反应机理有一个细致的探究，以解释各种定位反应。福井谦一积极投身到解决这个问题的工作中。

1951年，他发表了《芳香烃化合物中反应性的分子轨道研究》，这为他以后提出前线轨道理论奠定了基础。福井谦一在文中提出，通过计算参与反应的各分子的分子轨道，获得前线轨道的能量、波函数相位、重叠程度等信息，便可以令人满意地解释各种化学反应行为。1952年，福井谦一在研究中发现了在芳香烃类中前线轨道的电子密度和反应活性之间的相关性，这个发现使他提出了前线

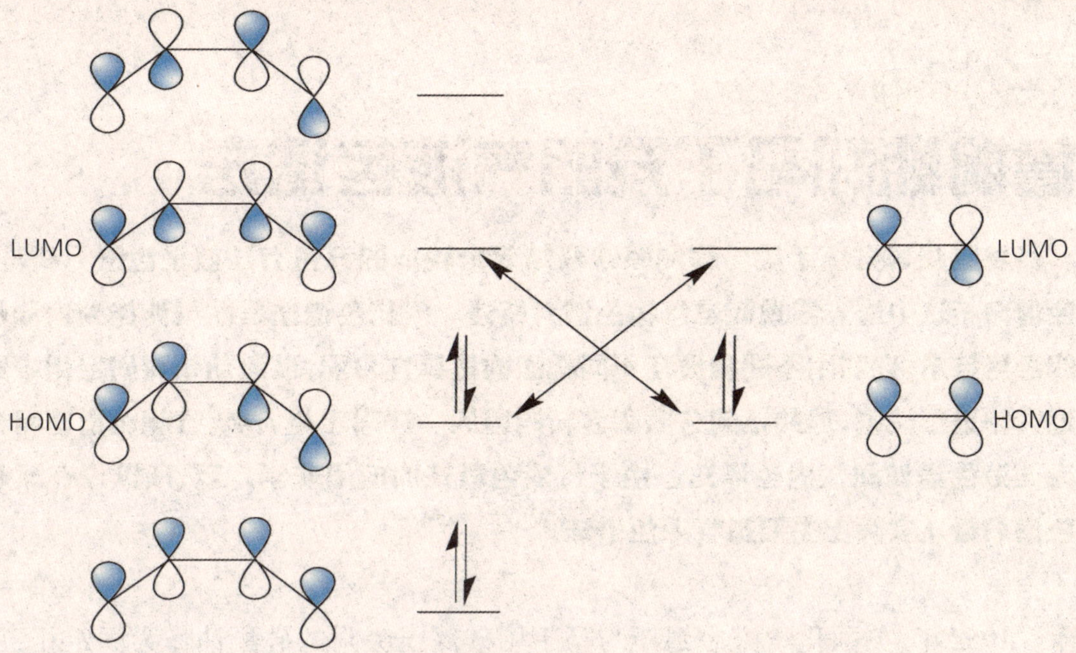

前线轨道理论可预测顺丁烯二酸酐和环戊二烯之间的反应能否进行①

轨道理论。

前线轨道理论，是一个解释化学中成键规律的定性理论。福井谦一认为分子中有电子排布的、能量最高的分子轨道（即最高占有轨道HOMO）和没有被电子占据的、能量最低的分子轨道（即最低空轨道LUMO）是决定一个体系发生化学反应的关键。HOMO上的电子能量最高，所受束缚最小，所以最活泼，而LUMO在所有的未占轨道中能量最低，最容易接受电子，因此这两个轨道决定着分子的电子得失和转移能力，决定着分子反应的空间取向等重要化学性质。HOMO和LUMO处于化学反应的前沿，所以称为前线（前沿）轨道。前线轨道的对称性决定了反应发生的外界条件和方法，只有反应物分子的前线轨道对称性一致，才允许反应。相互作用的前线轨道的能量还必须接近。前线轨道理论可以较好地解释克莱森重排、库柏重排、第尔斯—阿尔德反应等一些用经典的电子理论难以解释的有机化学反应。

福井谦一所有的工作都是围绕量子化学直观化这一目标进行的，前线轨道理论将复杂、抽象的量子化学公式转化为简单直观的近似理论。前线轨道理论开始并未引起化学界的重视。1959年，美国化学家伍德沃德和霍夫曼首先肯定了这一理论的价值，用它来研究周环反应的立体化学，并发展成分子轨道对称守恒原理。前线轨道理论和分子轨道对称守恒原理的创立，使福井谦一和霍夫曼荣获1981年诺贝尔化学奖。

1952年
詹姆斯和马丁发明气液色谱法

将层析等分离手段与检测系统联结起来构成的分析方法就是色谱分析法，色谱分析法中最先出现的是气相色谱分析法。气相色谱法是以气体作为流动相的色谱技术，它利用不同物质在不同相态的选择性分配，以流动相对固定相中的混合物进行洗脱，最终达到分离和分析的目的。按固定相分类，气相色谱法可分为气液色谱法和气固色谱法。由于气液色谱法的应用非常广泛，所以现在气相色谱分析法实际上主要指气液色谱法。

1952年，英国化学家詹姆斯与马丁用硅藻土吸附的硅酮油作为固定相，用氮气作为流动相分离了若干种相对分子质量较小的挥发性有机酸。据此，他们提出了气液色谱法。詹姆斯和马丁把这一方法推广到氨、甲胺、挥发性脂肪胺和吡啶的同系物的测定中。而且这种方法很快就被其他实验工作者采用。

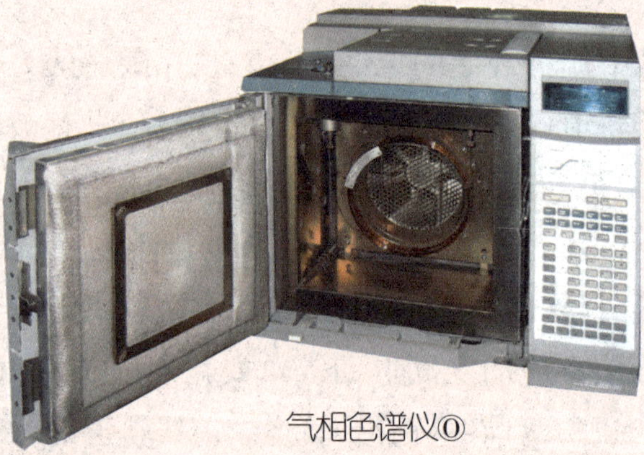
气相色谱仪©

在气液色谱法中，混合物中各组分因在固定液和载气间的分配系数不同而逐步得以分离。不同组分经过不同时间后，随载体流出色谱柱，进入检测器。在检测器中，利用待测物的某种物理或化学性质把从色谱柱流出的气流成分变化情况加以检测，并以一个信号传递给记录器，进行记录。气液色谱法对于挥发性物质的分析具有灵敏度高、快速准确、自动化程度高等优点，因而得到了极快的发展。

气液色谱法的出现使色谱技术从一种定性分离方法发展为具有分离功能的定量测定技术，推动了色谱技术和理论的发展。相比于早期的液相色谱，以气体为流动相的色谱对设备的要求更高，这促进了色谱设备的机械化、标准化和自动化进程。气液色谱法需要特殊和更灵敏的检测装置，这促进了检测器的开发。气液色谱法在有机化学、生物化学、医学等领域有着广泛的应用。

1953年

费歇尔等确定二茂铁的结构

化学家在发现某种新物质后一定会尽一切办法来测定新物质的组成和结构。这些工作包括了测定物质的元素组成、分子量和分子结构等。

1951年，美国杜肯大学的研究人员在《自然》杂志上发表了一种新型有机铁化合物的合成方法。他们用环戊二烯基溴化镁处理氯化铁时，意外得到了一种成分是$C_{10}H_{10}Fe$的橙黄色固体。它具有芳香性，非常稳定，加热到400℃也不分解，并且不和水、强酸、强碱作用，可以被独立分离出来。这样的稳定性在有机化合物中实属罕见。在之前，试图形成过渡金属和烃基之间化学键的试验通常是失败的，所以化学家们已经认为过渡金属和烃基之间不易形成稳定化学键。

于是，这种稳定的新型有机铁化合物很快就受到有机化学界的关注。许多化学家加入到测定该化合物结构的队伍中，他们主要包括德国化学家恩斯特·奥托·费歇尔的研究小组和英国化学家杰弗里·威尔金森的研究小组。

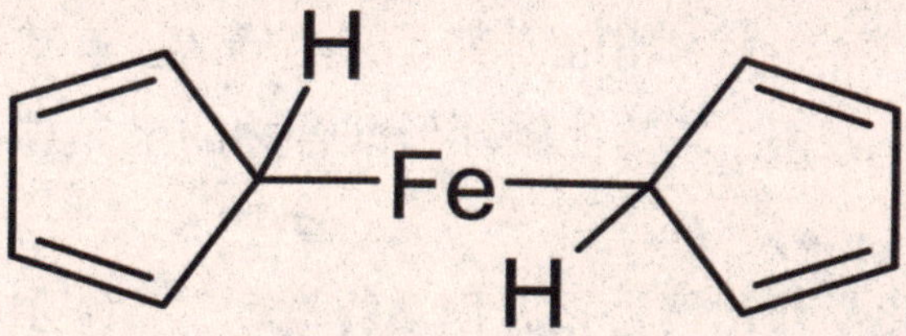

错误的二茂铁结构Ⓟ

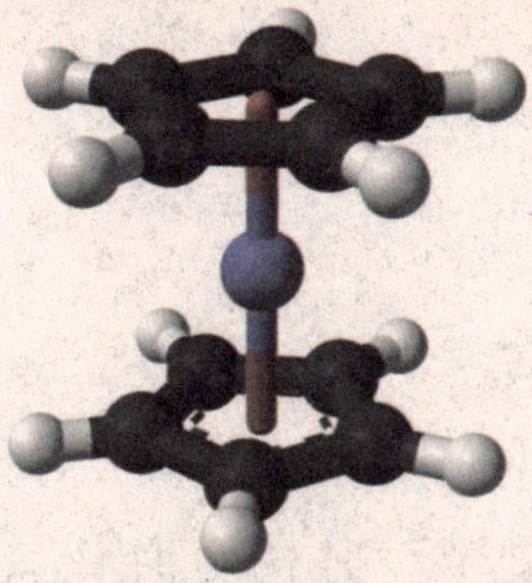

二茂铁结构示意图Ⓞ

对该物质的结构的测定表明它是由两个C_5H_5单元和一个铁原子构成，是环戊二烯基和铁相联结形成的化合物。科学家最先假设的结构是由两个茂环单元与铁通过简单的铁-碳键结合而成的线性结构。

然而这种结构不能解释它的热稳定性和化学稳定性。化学家们立刻凭借他们的经验否定了该结构，他们认为该物质一定不是一个具有一般共价键的化合物，必然具有一个比较复杂或者特殊的结构。

靠着想象和假说，靠着对假说的验证，两个研究小组都根据这个化合物的芳香性，推测出该物质包含由两个环戊二烯负离子与一个二价铁正离子形成的一个对称的“特殊共价键”。他们大胆地提出该物质实际上是一种三明治型夹心化合物，即上下两个环戊二烯负离子、中间镶嵌着一个铁原子的夹心面包结构的化合物。该化合物的两个环戊二烯负离子五元环都是共轭结构，都有6个π电子，因此具有芳香性。这一特殊的物质被命名为二茂铁。1953年，他们将结果发表在学术期刊上。尽管由这两个研究小组得到的物理性质测试报告强烈支持三明治夹心结构的假说，但是，化学家还需要更多的直接的数据来证明这样一种对称的结构。

二茂铁粉末©

最终的证据来自于X射线晶体分析、红外吸收光谱和偶极矩的研究。证据表明，所有的碳-碳键键长都相等，碳-铁键的键长也都相等，分别为140.3pm和204.5pm。

在发表了两篇关于二茂铁的文章后，两个研究小组继续研究二茂铁类化合物，相继研究了含有茂基、苯基和其他碳环形配合物的金属羰基化合物。

他们的独立研究，对夹心化合物化学作出了许多开创性的贡献。费歇尔小组预测了二苯铬夹心化合物的存在，并于1954年合成了二苯铬；威尔金森小组也合成了二苯铬，以及含4个碳、7个碳、8个碳的环烯烃与过渡金属离子形成的Π夹心络合物。以二茂铁为代表的有机金属化合物的合成，进一步打破了无机化学和有机化学的界限。

二茂铁是夹心配合物的代表，具有非常广阔的应用前景，它可被用作火箭燃料添加剂、汽油抗震剂、硅树脂和硅橡胶的熟化剂及紫外线吸收剂等。二茂铁的乙烯基衍生物能发生烯键聚合反应，得到碳链骨架的含金属的高聚物，可作航天飞船的外层涂料。威尔金森和费歇尔因各自独立地研究以二茂铁为代表的一系列夹心化合物而发展了有机金属化学，共获1973年诺贝尔化学奖。

1953—1954 年
发明齐格勒-纳塔催化剂

1934 年，英国化学家福西特和他的助手在研究乙烯与苯甲醛反应时，意外地收获了一种新的化学物质。当时他们将反应物置于 140 兆帕的高压下升温至 170℃，没有发生预期的反应，打开反应釜后却发现了一些不知名的白色固体。后经其他科学家研究，这种未知的白色固体就是乙烯在高压下聚合的产物，因此被称为高压聚乙烯。

齐格勒Ⓦ

高压聚乙烯为主碳链上带有支链的线形高分子链状结构，因此其熔点较低，温度稍有升高就会变软。而其生产条件又要求高温高压，这为大规模生产带来不便。能否在常温常压下合成出性能更好的聚乙烯就成了亟待解决的问题。

德国化学家齐格勒和意大利化学家纳塔在这一领域取得了突破性进展。

齐格勒早期主要研究碱金属有机化合物、自由基化学、多元环化合物等。1928 年他开始研究用金属钠催化的丁二烯聚合及其反应机理。此后又出色地研究了烷基铝的合成和用以代替格利雅试剂的工作。齐格勒发现金属氢化物可与碳－碳双键加成，如由氢化铝锂合成四烷基铝锂。这在发展金属有机化学方面起了很大的作用，并为之后的合成聚乙烯研究打下了基础。

1953 年，齐格勒在研究金属有机化合物和乙烯的反应时发现，有机铝化合物可以使乙烯在常温下聚合。他深入研究后得知，有机铝化合物中的铝–碳键周围存在特殊的电场，活性分子容易被拉进铝原子和碳原子之间，使有机链的长度得以增加；当碳链增长到一定程度，铝化合物的分解会阻止链长的进一步增加。不过实验初期所得的聚乙烯的相对分子质量不高，齐格勒推断可能是某种金属杂质抑制了反应的进一步进行。他研究了多种过渡金属对乙烯聚合反应的影响，意外地发现当乙烯聚合反应中同时存在三乙基铝和四氯化钛时，反应可在常温常压下顺利进行，获得性能良好的高分子产物聚乙烯。这一发现是聚乙烯合成领域的重大突破，它使大规模工业生产聚乙烯成为可能。

1954年，纳塔将齐格勒的催化剂进一步改进为三氯化钛和烷基铝体系，使之能用于催化合成高产率的聚丙烯。这类催化剂被称为齐格勒-纳塔催化剂。在聚合反应中，若支链的取向是随意分布的，产物常常具有不规则的空间构型。纳塔发现，某些类型的齐格勒-纳塔催化剂不仅可以控制支链的产生，生成无支链聚乙烯，还可让乙烯（或丙烯）按一定方向聚合。这种支链都指向同一方向的现象被称为全同立构。全同立构的聚合物的结构不同于一般的碳氢链的锯齿形结构，而是支链指向外侧的螺旋形结构，这使得它具有与其他聚乙烯不同的特殊性能。这种催化剂使得按照需要来设计大分子结构成为可能，聚合物链的形成从以前的任其自然转变为可人为掌控。

在此基础上，1957年，英国化学家凯勒首次从溶液中生长出聚乙烯单晶，并发现这种单晶的结构为折叠链组成的片晶。聚乙烯高分子化合物的研究工作至此又向前迈进了一大步。

齐格勒-纳塔催化剂的使用使聚合反应的条件由高压转成了低压，同时也改善了产物结构，优化了产物性能。鉴于这两位科学家在该领域的杰出贡献，他们共同获得1963年诺贝尔化学奖。

齐格勒催化剂问世时齐格勒所在的马克·普朗克煤炭研究所①

1956—1965年
马库斯提出溶液中的电子转移反应理论

电子转移是指溶液中电子从一个分子(给体)转移到另一个分子(受体)的过程。电子转移反应普遍存在于各种化学反应中,一般分为只有电子转移没有化学变化和既有电子转移又有化学变化两大类。前者被称为外界反应,后者被称为内界反应。

马库斯Ⓦ

在1956年至1965年的近十年期间,出生在加拿大的美国化学家马库斯在电子转移反应理论方面做了大量的研究工作,提出一系列开创性想法。首先,他运用介质连续统一体理论计算了溶剂分子在内配位层外部的重新取向作用,提出在外界反应过程中存在活性中间态,并推导出活性中间态的活化自由能计算公式;接着又提出电子转移均相反应速率常数的定量计算公式;在此基础上他又将均相电子转移反应和电化学电子转移反应统一起来,形成完整的电子转移反应理论。这一理论解决了电子如何会自发地从一个分子转移到另一个分子的根本性问题。

在电子转移过程中给体分子与受体分子究竟发生了哪些变化?马库斯指出,对于均相电子转移反应来说,在相互靠近的给体分子与受体分子中电子的“轨函”产生了一种弱耦合作用,使得两个反应物分子的核构型在某一区域趋于相同,电子就在相同处发生了转移。电子转移反应速率常数与两个反应物分子间距离、反应重组能以及反应自由能的变化情况等因素有关。

马库斯的电子转移反应理论在提出初期遭到一些同行的质疑,此后通过大量实验数据的验证才逐渐被广泛应用到各个领域,目前已成为化学、生命科学、材料科学及微电子学等多个学科的有力的理论工具之一。马库斯因此项成就而获1992年诺贝尔化学奖。

1961年
米切尔提出化学渗透假说

光合作用和呼吸作用都包括一系列氧化还原反应或电子传递反应，在这些反应中二磷酸腺苷（ADP）和磷酸根合成三磷酸腺苷（ATP），同时释放出能量，这一过程被称为氧化和光合磷酸化。这些反应的发生都在细胞膜内或细胞膜上，似乎与细胞内的膜有着密切关系，其中的反应机理究竟怎样呢？

1950年代中期，对于这些反应陆续有一些假说被提出，其中大多数假说都认为在电子传递系统和ATP合成系统之间存在着一种中间传递物，这种化合物具有能量高和结构优的特点，在氧化和光合磷酸化过程中起到重要作用。但这些假设始终没有被实验证明，也没有对膜结构存在的重要性给予解释。

1961年，英国化学家米切尔就这个问题提出化学渗透假说，对氧化和光合磷酸化的作用机理给出了另一种解释。他认为，ATP在生物体内起了“能量储存器”的作用。当机体需要能量时，ATP在酶的催化作用下转变成ADP或一磷酸腺苷（AMP），这一过程释放出能量；当机体消化了营养物质，能量需要储存时，ADP或AMP则转化成ATP将能量存储起来。

这个双向转化过程是如何实现的呢？米切尔认为，由多种酶、辅酶等组成的线粒体内膜具有传递电子和质子的功能。电子在通过呼吸链逐步传递的过程中，释放的能量可以像一个“质子泵”一样，将质子从线粒体内膜的内部转移到内、外膜间的区域，使内膜外测H^+浓度大于内侧，形成质子电化学梯度；当膜间腔存在大量质子，使线粒体内膜内外存在足够的电化学H^+梯度时，质子从膜间腔通过ATP合成酶复合物上的质子通道进入基质，同时驱动ATP的合成。

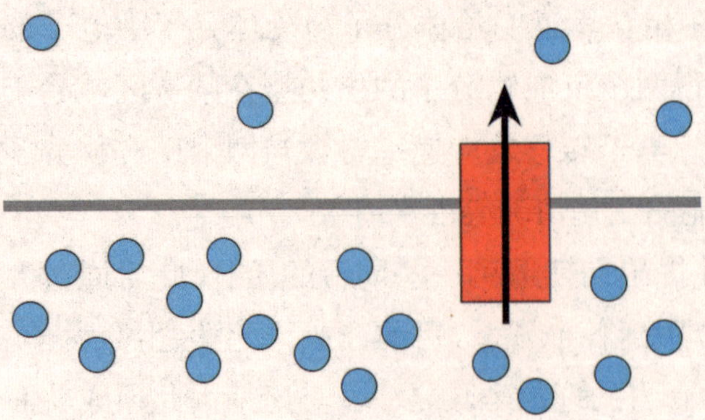

离子由高浓度区域渗入低浓度区域⓪

化学渗透假说在提出初期遭到其他科学家的反对，但1970年代以来得到了大量实验结果的支持。米切尔也因该理论而获得1978年诺贝尔化学奖。

1962 年 奥拉发现使碳正离子保持稳定的方法

早在20世纪初，人们就在有机染料化合物中发现了碳正离子。1940年代至1950年代，化学家们对碳正离子活性中间体的立体结构、反应动力学等进行了大量研究，进一步明确了碳正离子活性中间体在有机反应中的意义，但是缺乏合适的实验观测方法仍是一个摆在研究者面前的大问题，主要原因是碳正离子在一般的有机反应条件下存在时间非常短，通常只有10^{-10}—10^{-6}秒左右。

1962年，匈牙利裔美国科学家奥拉解决了这一难题。他通过实验找到了使碳正离子长时间稳定存在的方法，并用核磁共振检测到碳正离子的存在，这一方法在于用超强酸作为介质。奥拉把叔丁基氟溶于过量的五氟化锑超强酸介质中，通过核磁共振图谱采集实验数据。他将叔丁基氟与五氟化锑混合前后的图谱相比较后发现，叔丁基氟的图谱上原有两组峰，一组是9个H受1个F影响生成的二重峰；一组是1个F受9个H影响生成的多重峰。但在叔丁基氟与五氟化锑混合后的图谱上却只剩下9个H的单峰，并且单峰向低场明显移动。随后奥拉又进一步测得叔碳原子的峰也向低场发生大幅度移动，这表明叔碳原子正处于缺电子状态。这一实验结果证明了超强酸介质中存在着稳定的叔丁基碳正离子。

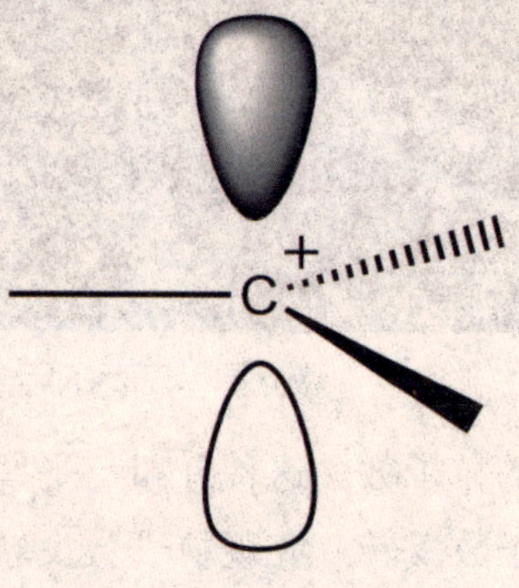

碳正离子①

奥拉的发现震惊了当时的化学界，碳正离子研究的权威代表之一、美国化学家布朗私下对他说"你一定是把实验搞错了，碳正离子不可能如此简单地存在于超强酸中"。但实验结论确定无疑地证明奥拉是正确的。奥拉的发现开辟了在超强酸介质中进行更多碳氢化合物反应研究的新领域。他不仅在实验上找到保持碳正离子稳定的条件，而且于1972年提出碳正离子的新概念，将碳正离子划分为三配位碳正离子与五配位碳正离子。1994年，奥拉因在碳正离子方面的杰出贡献而获诺贝尔化学奖。

1965年 卡斯珀和皮门塔尔研制成化学激光器

微观粒子受外来光子的激发时，处于高能级的粒子会以一定的概率迅速地从高能级跃迁到低能级，同时辐射与激发它的光子的频率、相位、偏振态以及传播方向完全相同的光子。如果大量原子处在高能级上，用一个光子激励高能级上的原子产生受激辐射，可得到两个特征完全相同的光子；这两个光子再激励高能级上的原子，使其产生受激辐射，可得到四个特征相同的光子……如此一来，原来的光信号就被放大了。这种在受激辐射过程中产生并被放大的光就是激光。

激光具有广泛的用途①

早在1917年，爱因斯坦就已发现激光的原理，可第一台激光器直到1960年才被成功制造出来。其主要原因是普通光源中处于高能级的粒子数很少，产生受激辐射的概率极小。要想使受激辐射占优势，必须使处在高能级的粒子数大于处在低能级的粒子数。这种分布与平衡态时的粒子分布相反，称为粒子数反转分布，简称粒子数反转。实现粒子数反转是产生激光的必要条件。实现粒子数反转的途径很多，利用化学反应释放的能量来实现粒子数反转的激光器便是化学激光器。

1964年9月，一批专家在美国圣迭戈就非平衡态激励和化学泵浦产生化学激光进行理论研讨。会议结束时，美国化学家皮门塔尔的学生卡斯珀提出，他已观察到由化学反应产生的第一个激光脉冲，所用的激光器是闪光光解碘激光器。1965年，按化学激光器的定义，卡斯珀和皮门塔尔在光引发H_2和Cl_2混合气体的爆炸中，真正实现了基于化学反应的受激辐射，从而诞生了第一台化学激光器——氯化氢化学激光器。

激光具有四大特性：高亮度、高方向性、高单色性和高相干性。激光的特性使其在激光加工、激光诊断、激光传感器、激光通信、激光雷达、激光测距以及激光武器等方面具有广泛的用途。

1967年
佩德森合成冠醚

1962年，杜邦公司高级研究员、美国化学家佩德森用邻苯二酚和2,2'-二氯乙基醚进行反应，想合成一种能络合金属离子的双(邻羟基苯氧基)乙基醚，结果他发现生成的产物中有0.4%的未知物。经鉴定，这是一种新的环状多醚化合物二苯并-18-冠-6。

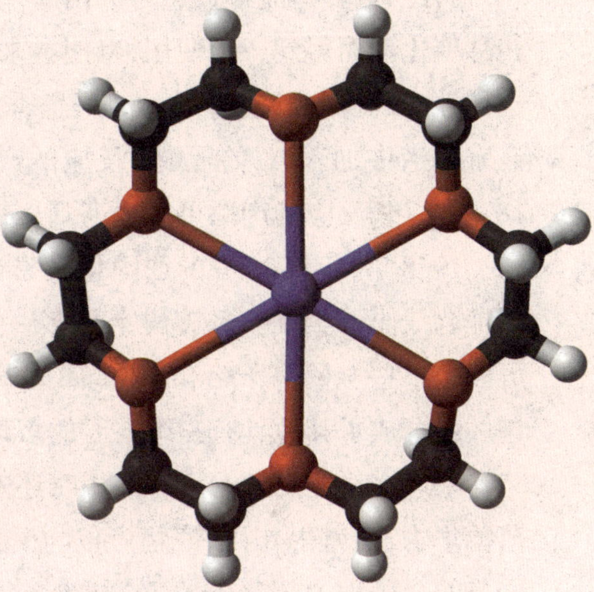

18-冠-6与一个钾离子配位①

1962年至1967年，佩德森花了5年时间系统合成这类环状多醚，并对其性质进行了研究。由于这类化合物整个结构的形状犹如一顶皇冠，他把这类环状多醚统称为冠醚。

1967年，佩德森在日本东京的第10届国际配位化学会议上报告了他研究大环多醚的工作。他指出，18-冠-6有一种很奇怪的性质，它一端的六个氧原子使其易溶于水，另一端的烃基又使其能溶于有机溶剂，而且聚在一起的六个氧原子正好能把一个钾离子抓住。

18-冠-6不仅可与钾离子络合，还可与重氮盐络合。冠醚最大的特点就是能与正离子，尤其是碱金属离子络合，并且随环的大小不同而选择性地与不同的金属离子络合。例如，12-冠-4与锂离子络合而不与钠、钾离子络合。冠醚的这种性质在有机合成上极为有用，使许多在传统条件下很难发生甚至不发生的反应能顺利地进行。

冠醚与试剂中的正离子络合，使该正离子可溶在有机溶剂中，而与它相对应的负离子也随同进入有机溶剂内。冠醚不与负离子络合，负离子便游离或裸露在溶剂中，使得这些负离子的反应活性大大提高，从而加速反应。在此过程中，冠醚因为能够把试剂带入有机溶剂中，而被称为相转移剂或相转移催化剂，这样发生的反应被称为相转移催化反应。这类反应具有速率快、条件简单、操作方

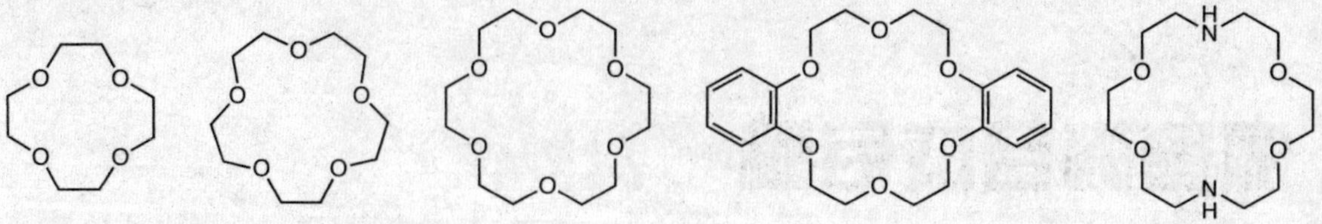

常见的冠醚(左起):12-冠-4、15-冠-5、18-冠-6、二苯并-18-冠-6和二氮-18-冠-6⑩

便、产率高的特点。

为此,各种冠醚被大量合成出来供配位化学家研究,并作为有机合成中的相转移催化剂而得到广泛使用,以使本来难以进行的反应能迅速进行,增强反应的选择性,提高产品纯度。例如,安息香在水溶液中的缩合反应产率极低,如果在该水溶液中加入7%的冠醚,反应的产率可达78%;若改用苯做溶剂,同时加入18－冠－6,反应的产率可以提高到95%。

1968年,年仅29岁的法国化学家让-马里耶·莱恩在冠醚的基础上,别出心裁地合成了一类在大环多醚上再多一个环、分子结构形似土穴的"穴醚"。穴醚可以与某些金属离子络合,把金属离子嵌在由几个环组成的"穴"中。后来他又进一步合成了其他具有三维空腔的多环聚醚。

莱恩在研究穴醚的络合作用时还发现,借助于各种分子内的电性作用,以及范德华力、氢键等作用,底物可以与受体结合,从而导致分子聚集。莱恩把这种聚集的分子称为超分子,并在1978年提出了"超分子化学"的概念。超分子化学就是分子内键合和分子聚集的化学。超分子兼有分子识别、分子催化和选择性迁移的功能。

美国化学家唐纳德·克拉姆在佩德森的发现的基础上,合成和研究了一系列具有光学活性的冠醚,试图探索酶和底物的相互关系。他认为具有分子识别能力的冠醚是主体结构,能够有选择性地与作为客体的分子起络合作用。克拉姆因此创立了"主客体化学",进行了模拟酶的研究。

佩德森、莱恩和克拉姆在发展应用冠醚这类具有高度选择性的、特殊结构的分子方面取得的卓越成就,被化学界公认为是如今蓬勃发展的冠醚化学(或大环聚醚化学)的里程碑。他们因此而共获1987年诺贝尔化学奖。

1967年
科里创立逆合成分析法

人们常常将复杂的东西分解成较小的单元，然后先分别解决小单元，进而完成对复杂事物的处理。美国化学家伊莱亚斯·科里创立的逆合成分析法体现了这种思想。

作为当代最伟大的有机化学家之一，科里从1950年代后期开始从事有机合成工作。在30多年里，他和他的同事们合成了几百个重要的天然化合物。科里在有机化学合成领域的鼎盛时期甚至被称为有机合成史上的“科里时代”。

科里Ⓦ

然而，科里在有机合成上的最大功绩，还不在于合成了多少个复杂的天然化合物，而在于他1967年创立的独特的有机合成方法——逆合成分析法。

一反过去常规的从原料开始考虑怎样合成目标产物的做法，逆合成分析法从合成的目标物向合成过程的逆方向“行驶”并思考。其具体过程包括：(1)从待合成的目标产物出发，通过分析目标分子、原子或官能团间的联结方式，在能够较为容易的重新键合的恰当地方“切断”原子间的键，从而产生较为简单的分子；(2)再由被切割的较小分子出发，按照上述过程进行再切割，如此，达到最简单的小分子，也就是合成需要的较易获得的最初原料；(3)然后根据逆分析，设计从原料一步一步合成目标物的合成方案；(4)按照方案，选取原料和相关反应试剂进行合成，最终形成目标产物。

逆合成分析法使有机合成设计由经验和资料积累变成了符合逻辑的科学步骤，可供学习传授与推广。因此，这个方法一诞生，就大大促进了有机合成化学的发展。此外，科里还根据这一方法，将计算机技术运用于有机合成设计。1969年，他和他的学生编制了第一个计算机辅助有机合成路线设计的程序OCSS。科里因在有机合成方法上的贡献而获得1990年诺贝尔化学奖。

1968年
诺尔斯实现手性催化氢化反应

人的左右手看上去一样，其实并不相同。右手即是左手在镜子里的映像，我们称它们互为镜像。自然界的许多分子也具有这样的手性结构，被称为手性分子。手性分子的物理和化学性质相同，但在生理、药理活性以及生物分子相互作用方面往往有很大差别。人工合成这些物质时往往会得到手性分子两种形态各占一半的混合物。在人体细胞中，手性分子的一种形态可能适于正常生活，而另一种则可能有害。因此，通过合成直接得到所需镜像形态的手性化合物成为科学家追求的目标，这就是不对称合成。

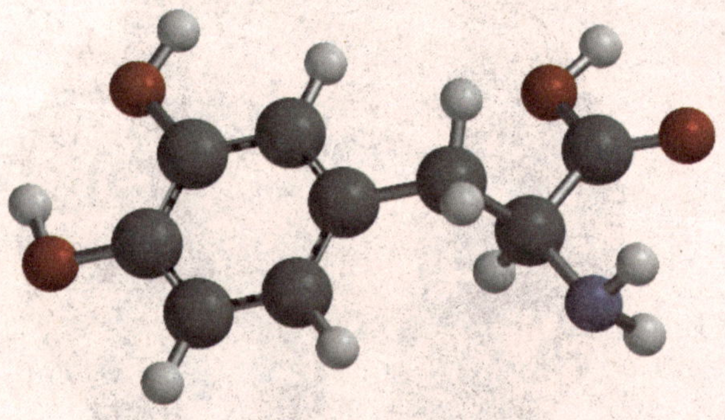

手性多巴(L-DOPA)结构模型Ⓦ

1968年，美国化学家诺尔斯在不对称合成方法的研究工作上有了新进展，他发现利用过渡金属催化剂对手性分子进行氢化反应可以获得所需镜像形态的手性分子。这种过渡金属催化剂在反应中可以加快氢化反应而达到偏重合成出一种形态的手性分子。诺尔斯采用手性膦配体与铑金属配合物组成手性催化剂，实现了高对映选择性合成。刚开始他的实验结果不够理想，一种手性分子比另一种仅多出15%，不久这个比例就达到100%。1974年，诺尔斯所在的孟山都公司首次将手性过渡金属络合物应用于商业化药物生产，合成治疗帕金森病的药物——手性多巴(L-DOPA)，避免了另一种无法代谢的有害异构体在人体内聚集和残留。

随后，日本科学家野依良治发现，过渡金属可用于制备多种手性催化剂，在这些催化剂的作用下，可产生具有特定形态的手性分子。

美国科学家沙普利斯从上述两位科学家的工作中得到启发，利用过渡金属催化剂对手性分子进行氧化反应，最终也得到所需镜像形态的手性分子。

这三位科学家在手性催化氢化和手性催化氧化合成方面作出的杰出成就，正越来越广泛地应用于生物学、医学及材料科学等领域，不断地造福人类。他们也因此被授予2001年诺贝尔化学奖。

1968年
发现线型碳

碳元素是构成生命的主要元素，同时在宇宙进化中起着相当重要的作用。碳具有多种同素异形体。碳的同素异形体，可能是化学家较早就开始研究，但至今了解得不多的领域之一。

早在18世纪，人们就已经确定了金刚石和石墨都是碳的同素异形体。1950年代，人们通过质谱研究发现气体石墨中有C_2、C_3、C_5存在，由此预言了线性聚碳分子的存在。1968年，科学家发现在火山口的石墨片中夹杂着一种有别于石墨的新物质，这种物质具有金属光泽，硬度较石墨高，在岩石中与石墨层交替出现，厚度仅为几微米。分析表明这是纯碳的新型结晶体。进一步的研究发现，它是一种新的碳单质，具有线性结构，后被称为线型碳。之后，人们在含碳球粒陨石和星际粉层中发现了多种结晶形态的线型碳。

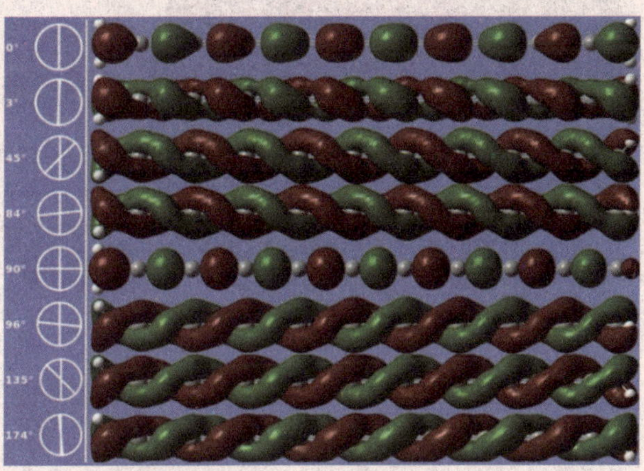

单原子厚的线型碳可能是已知最强韧的微观材料①

由于线型碳在自然界中的含量非常少，人工合成线型碳就成为关键问题。1960年代，美、苏科学家尝试以铜来催化乙炔氧化缩聚，从而合成线型碳，但效果不太理想。直到1980年代后期，苏、美、日等国化学家利用聚卤代乙烯法合成出长链线型碳，并得到线型碳的单晶膜，线型碳的合成才取得突破。随后陆续出现了更多新的合成方法，主要有热裂解法、石墨转化法、炔烃催化聚合法等。

线型碳分子可以被认为是线型气态碳分子。但线型碳的分子结构中的成键方式一直是化学家争论不休的问题。

有关线型碳的应用研究至今还很少。从理论上预言，它应是一种常温超导材料，一种性能优于碳纤维的超强纤维材料。合成纯净的、稳定的、高碳数的长链单晶将为进一步探明它的结构、性质及应用前景打好基础。相信这将会吸引更多化学研究者的关注与参与，共同去揭开蒙在线型碳分子上的神秘面纱。

1970年
克鲁岑提出氮氧化物破坏臭氧层

1985年，英国南极调查局公布了一条令全世界震惊的消息。英国科学家法曼发现在南极上空出现了臭氧层空洞，空洞的面积与美国领土面积相当。次年美国公布的“云雨二号”卫星采集的数据，证实了这一消息，并给出了自1979年以来南极上空的总臭氧含量在持续减少的结论。这是人们第一次真正意识到臭氧危机的到来。

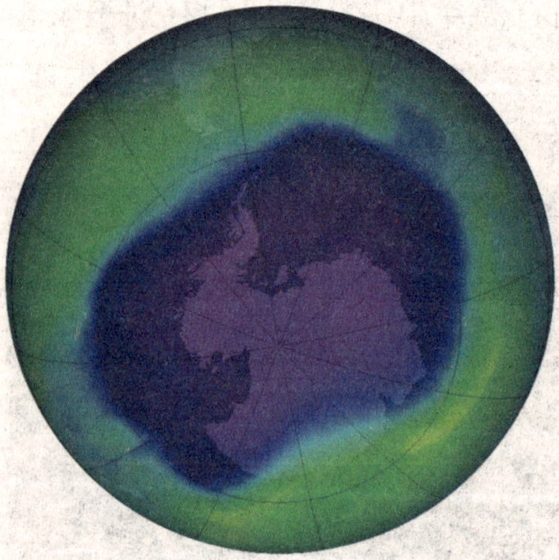
2006年9月测定的南极上空臭氧层空洞©

臭氧层是大气平流层中臭氧浓度最大处，距地面18—50千米，是地球的保护层，能吸收大量的紫外线以保护生命体免受伤害，臭氧层的被破坏就意味着地球上的生物将完全暴露在强紫外线的照射下。据医学专家的估计，臭氧层被破坏后，皮肤癌的病例会迅速增加，严重威胁到人类的健康。

臭氧层为什么会遭到如此严重的破坏呢？其实，臭氧层的问题早在1960年代和1970年代就引起了一些科学家的关注和研究。1970年，荷兰化学家克鲁岑第一次指出，人类活动释放的少量物质能够破坏全球范围的臭氧。他发现氮氧化合物可以催化臭氧转变为氧，加速大气层中臭氧量的减少。克鲁岑指出，平流层中的NO或NO_2来源于土壤中微生物的代谢，因此臭氧层厚度与土壤微生物数量之间存在着某种定量关系，克鲁岑进一步论证了这一关系。此类因素属于自然界行为对臭氧平衡的影响。

此后，美国大气化学家罗兰和墨西哥大气化学家莫利纳研究了人工合成化学物质对臭氧平衡的影响。1974年他们发现氯原子能够像NO和NO_2一样催化破坏臭氧层。同年他们发表在《自然》杂志上的一篇论述人造氟氯烃与臭氧间关系的论文指出，被广泛应用于气雾剂、泡沫填充材料以及冰箱冷却剂的二氟二氯甲烷、三氟一氯甲烷等氟氯烃排放到大气中后进入臭氧层，在高能紫外线的照射

克鲁岑①

下，分解出氯原子，氯原子的催化作用导致臭氧加速损耗。根据计算，平均一个氯原子可消耗十万个臭氧分子。氯原子被释放出来进入大气后，作为催化剂，能反复破坏臭氧分子，自己仍保持原状，因此尽管其量甚微，也能使臭氧分子减少形成臭氧层空洞。

我国科学家在1999年提出，仅仅是氟氯烃的作用还不够，太阳风射来的粒子流在地磁场的作用下向地磁两极集中，并破坏了那里的臭氧分子，这才是主要原因。但无论如何，人为地将氟氯烃送入大气，终究是一种有害行为。

至于为什么北半球氟氯烃的排放居世界之首，却在南极上空出现臭氧层空洞？克鲁岑及其研究团队发现了其中的反应机理：性质稳定的氟氯烃在对流层经过长时间的混合与传输，通过大气环流进入平流层，并且从热带向两极移动；由于南北两极气象条件不同，南极大陆被海洋包围极易形成“极地平流层云”，云中的大量颗粒对氟氯烃产生表面多相催化反应，从而加快了臭氧的分解。

这三位科学家对于影响臭氧平衡因素的研究在当时并未引起人们足够的重视，直到法曼发现南极上空的臭氧层空洞。此后短短几年里，世界各地都行动了起来，产生了一系列国际行动和条约。1985年由联合国环境署发起的保护臭氧层的《保护臭氧层维也纳公约》得到各国政府的支持与参与，公约中明确规定了受控物质及其禁用期。

这三位科学家也因在臭氧层浓度平衡机制方面的研究以及证明人造化学物质对地球上空气臭氧层的破坏等突出贡献，分享了1995年诺贝尔化学奖。

1974年
德热纳《液晶物理学》出版

所谓软物质，指的是一类复杂流体，包括泡沫、胶体、膜、液晶、聚合物、颗粒物质和生命体系等。这样的物质其实人们天天都能够见到，如饮料、墨水、洗涤液、橡胶、乳液、药品和化妆品等。

法国物理学家德热纳从1968年开始研究软物质，1974年出版《液晶物理学》。他发现液晶等软物质是介于有序和无序之间状态的一种物质。晶体是处于有序状态的物质，它的原子或离子都在相对固定的位置上有序排列；液体是处于无序状态的物质，它的原子或离子做无规则的运动。而液晶则在某一方向上排列有序，另一方向上则无序，处于有序和无序之间的中间状态。

经过深入研究，德热纳给出了软物质的一个重要特征：弱力引起大变化。想象一下这样的画面：在一个容器中，有可以自由运动的一个大球和很多小球，后者就是一种软物质。最初，大球、小球都在不停地做随机运动，小球从各个方向撞击着大球，每一时刻，在不同方向上撞击的次数一般来说是不一样的，大球因受力的不同而向某个方向运动。然而，当大球碰到了容器壁的时候，靠着容器的一边不会有东西撞它了，所有的撞击都来自另一边。于是这些撞击就迫使它靠在容器的边缘上了。可以看到，在软物质体系中，受到的力不大，但熵的变化很大，软物质可称作是由熵操纵的物质。在熵“力”的作用下，软物质体系呈现出一些奇特的行为，比如原本混乱的微观体系会变得井然有序。复杂的蛋白质分子会自行折叠成特殊的结构，便是一例。1991年，德热纳因在软物质方面的一系列卓越的研究工作获得诺贝尔物理学奖。

液晶显示材料是液晶的一项重要应用 Ⓦ

1977年 黑格等发现导电高聚物

高聚物通常都是绝缘体。但在1970年代科学家发现一些高聚物导电体可以与金属媲美，这彻底颠覆了传统的看法。1958年，意大利化学家纳塔等用齐格勒-纳塔催化剂合成的聚乙炔的电导率只有10^{-4}西/米。1967年，日本化学家白川英树在指导学生用齐格勒-纳塔催化剂进行催化聚合乙炔时，这个学生多加了催化剂，结果得到了外表像铝箔、延展性像塑料包装纸的银色薄膜状聚乙炔。这是一个偶然的失误，却拉开了导电高聚物研究的序幕。

导电高聚物可应用于触摸屏⓪

1975年，美国化学家麦克迪尔米德在东京见到白川英树合成的聚乙炔薄膜样品时大吃一惊，立即决定从事聚乙炔研究。回国后，他把白川英树的研究结果介绍给了同事、美国物理学家黑格，并决定邀请白川英树来合作研究。他们用白川英树的方法重新合成了银色薄膜状聚乙炔，结果发现它的电导率并不高。但他们发现，在氧化状态下这些薄膜的光学性能有了明显改变，于是他们尝试用碘蒸气将聚乙炔氧化。当测定用碘氧化后的聚乙炔薄膜的电导率时，他们有了惊人的发现：把碘掺杂到全反式的聚乙炔后，电导率增加了10^7倍。而后，他们又把AsF_5掺杂到全顺式的聚乙炔中，结果电导率的增加更为惊人，达到了10^{11}倍，具有了接近金属的良好导电性。由此可见，“掺杂”是提高高聚物导电性的重要方法。这一成果于1977年以论文形式发表。

由于聚乙炔易被氧化潮解，1980年代后，导电高聚物的研究扩展到了聚吡咯、聚噻吩和聚苯胺等。这些导电高聚物因其有特殊的结构和优异的物理化学性能，得到了广泛应用，在二次电池、光电子器件、电磁屏蔽、分子导线和分子器件等方面都有诱人前景。黑格、麦克迪尔米德、白川英树的发现，开辟了导电高分子化学及物理研究的重要领域，因此他们分享了2000年诺贝尔化学奖。

1985 年
发现新的碳单质 C_{60}

1985 年，英国化学家克罗托、美国物理学家斯莫利和美国化学家柯尔在他们设计的激光超团簇发生器上用激光轰击石墨靶时，观察到一个由 60 个碳原子组成的分子的质谱峰，它表现出与石墨、金刚石完全不同的性质。他们三人毫不犹豫地认为这是一项新的发现，可能是碳的一种新的同素异形体。就此，C_{60} 分子被发现。但它的结构又是怎样的呢？

这三位科学家发现，C_{60} 分子是一个由 12 个五边形和 20 个六边形组成的空心 32 面体，半径为 0.355 纳米。克罗托想起了美国建筑师富勒设计的 1967 年蒙特利尔世博会美国馆，其拱形圆顶建筑由正五边形和正六边形组成。这个 C_{60} 分子的结构与之很相似，于是他们就把这个 C_{60} 分子称作富勒烯，又称巴基球（富勒的名的词头为 Buck）。后来，当过足球运动员的克罗托发现它的结构非常像足球，故又称其为足球烯。

C_{60}分子结构模型①

C_{60} 的发现就像当年凯库勒定出苯的结构一样，它开拓了一个新的研究领域。后来 C_{20}、C_{24}、C_{70}、C_{76} 等被相继发现，并被统称为富勒烯。 1992 年，美国科学家在用高分辨率电子显微镜研究俄罗斯数亿年前一种次石墨矿石时，发现了 C_{60} 和 C_{70} 的存在。2010 年，加拿大科学家在 6500 光年以外的宇宙星云中发现了 C_{60} 存在的证据，他们通过斯皮策太空望远镜发现了 C_{60} 的特定信号。克罗托知道这一消息后，兴奋地说："这一突破给我们提供了令人信服的证据：正如我们一直期盼的那样，巴基球在宇宙中已存在很久了。"

以 C_{60} 为代表的一系列富勒烯的发现开辟了材料科学的全新领域。这类材料所具有的独特性质，使它们可能在光学、半导体、超导和微电子等领域具有广阔的应用前景。克罗托、斯莫利和柯尔因 C_{60} 的发现而共同获得 1996 年诺贝尔化学奖。

1987年

泽维尔开创飞秒化学

当化学家用化学理论推测出某反应的化学机理时，他们希望能够发明更先进的测量工具和实验方法，以真正观察到分子中化学键的断裂和生成。然而，我们都知道，大多数化学反应过程极快，有的甚至可以用飞秒(10^{-15}秒)的级别来衡量，再加上生成的中间体在极短的时间内就会消失，难以捕捉，因此观察到化学反应的过程是极其困难的。化学家为此进行了无数次的探究和实验，但始终难以取得很大的进展。

1987年，激动人心的时刻来到了！具有埃及和美国双重国籍的科学家泽维尔做了一系列试验。他用激光闪光照相机，通过飞秒激光光束拍摄下反应过程中的变化及生成的中间体，捕捉到了一百万亿分之一秒瞬间处于化学反应中的原子间的化学键断裂和新键形成的过程。这从根本上改变了我们对化学反应过程的认识，使人们从基础化学反应动力学研究上升到动态学研究。这也是物理化学研究中的先驱性工作，因为它催生了新的物理化学分支——飞秒化学，一个研究在极短时间内发生的化学反应的过程和机理的学科。

泽维尔⑩

常规状态下，人们是看不见原子和分子的化学反应过程的，原因是它们进行得太快，一般来说，反应分子中的原子完成一次振动的时间间隔为10至100飞秒，使用一般的仪器无法观察到反应过程中的每一个瞬间，更不用说我们的肉眼了。化学家预测，在化学反应中，会出现相对稳定的分子或者分子碎片，化学家把这些分子碎片称为中间体，中间体的生成降低了反应的活化能，使反应在较低条件下得以实现。化学反应就在这样极短的时间内，在从反应物到中间体到产物的过渡态平衡中发生了。如果这个机理是合理的话，就一定能够找到中间体。

泽维尔为我们解决了这个难题。他用超高速激光闪光照相机拍摄化学反应

康奈尔大学的飞秒脉冲激光器①

过程中的每次原子或分子振荡的动态图像，然后通过“慢动作”回放来观察处于化学反应过程中的原子和分子的转变状态，就如电视节目通过慢动作来回放足球赛精彩镜头那样。为了理解反应过程中的机理，泽维尔从相对稳定的分子或分子碎片（中间体）开始，不断缩短脉冲照相的时间间隔，捕捉过渡态中的分子或分子碎片，使反应连续起来。这个过程与拍一朵花开放的过程，或者一颗幼苗生长的过程正好相反。前者为快速拍下每一个极短瞬间的图像，然后合成，放慢到人的肉眼能够观察的速度，而后者是在相对漫长的过程中拍摄照片，然后合成，放快到人的肉眼能感觉到变化的速度。泽维尔的这种方法被称为飞秒光学技术，归属于飞秒光谱学的范畴。他通过这种方法巧妙地观察到了反应的中间体，看到了原子间的化学键断裂和新键形成。泽维尔的技术成果充分体现了科学和技术的相互依赖和促进的关系。

泽维尔因在飞秒光谱学方面的贡献而获1999年诺贝尔化学奖。瑞典皇家科学院称，他的研究成果使“运用激光技术通过化学反应观测原子在分子中的运动成为可能”。泽维尔给化学以及相关科学领域带来了一场革命，他的技术还可应用于设计电子元件、观察生命运动过程中的最细微结构，甚至可以促进未来的药品生产。可以预见，运用飞秒化学，化学反应将会更为可控，新的分子将会更容易制造。

1987—1996年
芬恩等发展生物大分子的质谱和核磁共振分析技术

生物大分子是生物体内各种相对分子质量达到上万或更大的有机分子，常见的生物大分子包括蛋白质、核酸、脂质、糖类。生物大分子是构成生命体的基本单位，与生命活动息息相关。因此，识别和分析生物大分子具有重要意义。

质谱分析法是一种分析分子质量和结构的重要方法。然而，要将质谱分析法应用于生物大分子难度很大，因为首先要将成团的生物大分子拆成单个的生物大分子，并将其电离，再让它们在电场的作用下运动。在这个过程中，它们的结构很容易被破坏。

芬恩的第一台电喷雾电离源设备⓪

1987年日本科学家田中耕一用激光轰击成团的生物大分子，成功地使生物大分子完整地分离，同时也被电离。他将一束激光脉冲打在固相或黏液相的样品上，样品从激光脉冲中吸收能量，分离成一个个很小的分子、离子，这些带电荷的分子、离子进入加速和偏转电场后以不同的时间到达检测端，构成质谱图。1989年，美国科学家芬恩对成团的生物大分子施加电场，也达到了同样的效果。他将低速流出的蛋白质液滴在高压电场中雾化成带电液滴，这些带电液滴由于水分蒸发而进一步分裂成更小的液滴，经过多次分裂，最终成为可以进行质谱分析的蛋白质分子、离子。

要“看清”生物大分子的结构还必须依靠核磁共振技术。这种技术最初只能分析小分子的结构，生物大分子分析起来难度很大。1996年，瑞士科学家维特里希提出了一种解决方法，他连续测定生物分子中所有相邻的两个质子之间的距离和方位，这些数据经计算机处理后就可形成生物大分子的三维结构图。

芬恩、田中耕一和维特里希因在识别和分析生物大分子的研究工作中作出了杰出贡献，共获2002年诺贝尔化学奖。

20世纪末
纳米材料研究取得一系列进展

当物质颗粒变小，会不会导致其性质上的变化？这些性质的改变可以给人类带来怎样的应用？这其实就是纳米材料研究的思路。

1纳米是1米的十亿分之一（1纳米 = 10^{-9}米）。纳米材料一般指基本颗粒在1—100纳米范围内的材料。构成纳米材料的基本单位称为结构基元。结构基元可为金属、陶瓷、聚合物和复合材料，可为晶态也可为非晶态。按维数，纳米材料的结构基元也可分为：(1)零维，指其空间三维尺度均在纳米尺度；(2)一维，指其有二维处于纳米尺度；(3)二维，指在三维空间中有一维在纳米尺度。

二氧化钒的纳米颗粒⑩

人类对纳米材料的认识历史并不漫长。1959年，美国物理学家费恩曼在美国物理年会上最先提出了纳米技术的构想。

20世纪末，纳米材料的研究开始取得一系列重要进展。1984年，德国科学家格莱特将一些极其细微的金属粉末压制成块，发现其内部结构和性能发生了奇特的变化，开创了纳米研究的先河。1989年，IBM公司成功进行了单原子操纵，标志着人类对物质世界的改造能力达到了一个前所未有的水平。纳米微粒具有量子尺寸效应、小尺寸效应、表面效应和宏观量子隧道效应，因而表现出很多奇特的性质。

纳米材料的研究大致可以划分为三个阶段：第一阶段（1990年前），主要是在实验室用不同方法去探索以各种材料制备纳米微粒；第二阶段（1990—1994年），人们关注的热点是如何利用纳米材料已被发掘的物理特性和化学特性，如何设计纳米材料、合成复合材料和进一步探索其物理性质；第三阶段（1994年至今),研究热点转向了人工组装合成的纳米结构材料体系。

纳米材料正在不断给人们带来惊喜。纳米材料随着其粒径的减小,表面积急剧变大,表面原子数相应增加。表面原子的电子态和键态与颗粒内部的原子不同,未使用的悬键多,因此反应活性高,如金属纳米粉在空气中便能燃烧。纳米材料的表面效应有可能使纳米催化剂在21世纪成为催化反应的主要角色。例如,粒径在30纳米的加氢和脱氢催化剂可使有机化合物的加氢和脱氢反应的速率提高15倍;超细的Fe、Ni与γ-Fe_2O_3混合烧结体可以代替贵金属Pt、Rh作为汽车尾气净化剂除去NO、CO等;纳米金属、纳米半导体粒子具有热催化作用,在火箭燃料中加入1%(质量)的纳米Ag粉和纳米Ni粉,燃烧效率可以提高一倍。

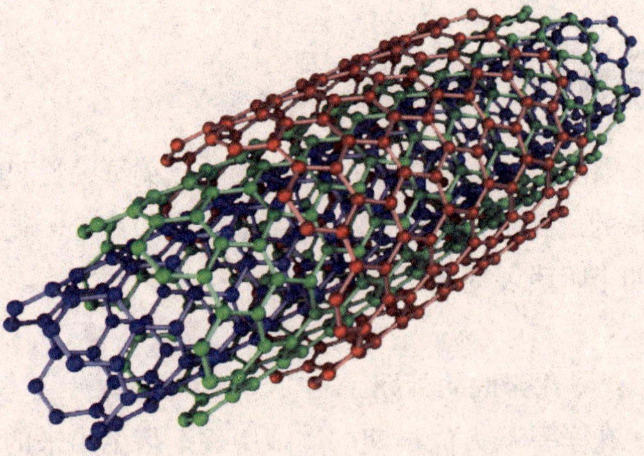

碳纳米管⑩

纳米材料神奇的性能使它成为最有前途的材料之一。例如1991年发现的碳纳米管是常见的纳米材料之一,它的密度是钢的1/6,强度却是钢的10倍,并且具有神奇的电子特性。碳纳米管可以是导体,也可以是半导体,甚至在同一根碳纳米管的不同部位,可以呈现出不同的导电性。IBM公司的科学家用单根半导体碳纳米管和它两端的金属电极做成了一种场效应晶体管。1995年,美国莱斯大学的研究人员发现,用碳纳米管发射电子可取代笨重的阴极射线管。尽管纳米材料大多数处于研究阶段,但目前已有成果让人们认识到,宏观物体的性质并不都直接取决于微观的原子与分子的结构,当组成物质的尺度减小到纳米级时,物质将出现独特的性能。

纳米材料的研究还在继续,纳米材料的工业化、产业化还有很长的路要走,但有理由相信,由于纳米材料具有独特的性能,它必将在人类生活中扮演越来越重要的角色。在充满生机的21世纪,纳米技术必将转化为强大的生产力,满足人类在信息、能源、先进制造业、国防等领域的需求。

后记

《化学的足迹》完稿了。捧着一叠稿纸，脑海里涌现出从古至今前人在化学学科的道路上留下的一个又一个探索的足迹。循着它们，化学学科的历史进程的四个阶段展现在我们面前。

一、化学的萌芽期

化学是从人们早期的实践中逐渐衍生出来的学科，包括方法和知识。我们将最初的化学知识和方法的积累期称为化学的萌芽期。化学的萌芽期是一个漫长的时期，从原始社会到17世纪中叶形成化学元素概念之前，包含了人类从原始社会到17世纪中叶的化学知识的积累。化学在萌芽期还不是系统的科学，属于非意识的化学，不存在具体的研究对象，因为那时人们并没有意识到要用化学方法来研究物质的组成和物质的转化。

这时期化学的特点是:(1)与人们生活紧密相连，所有与化学有关的工作都不是为了化学而产生，而是为了解决当时的生存问题，例如打猎、烹调、储藏剩余物质、争夺物质或者领地等等;(2)经验性知识，并带有浓厚的神秘色彩和不公开性，人们在这期间所得到的化学知识，只是，也只能是对现象和技艺过程的描述;(3)对物质结构的最初认识是思辨性的自然哲学，是直观猜测和臆想，不是严密的理论，如中国的“五行说”、希腊的原子论和四元素说等等。

此时的化学知识积累主要来源于三个方面:(1)古代工艺技术;(2)人类对自然界物质的本质、物质的构成及其变化原因的认识，即古代物质观;(3) 炼金术士和医药家。

二、化学科学的形成期

此阶段从17世纪中叶开始至18世纪末，主要包含了科学元素概念的确立到燃烧学说的提出和公认。

公元17世纪初期，炼金术士和医药化学家继续推动着人们去研究各种化学反应。随着有用试剂的增加，新化合物的数目和受到研究的化学反应的种类也在逐渐增多。当时的主要工作仍旧是作坊式的实验操作。此时，科学的业余爱

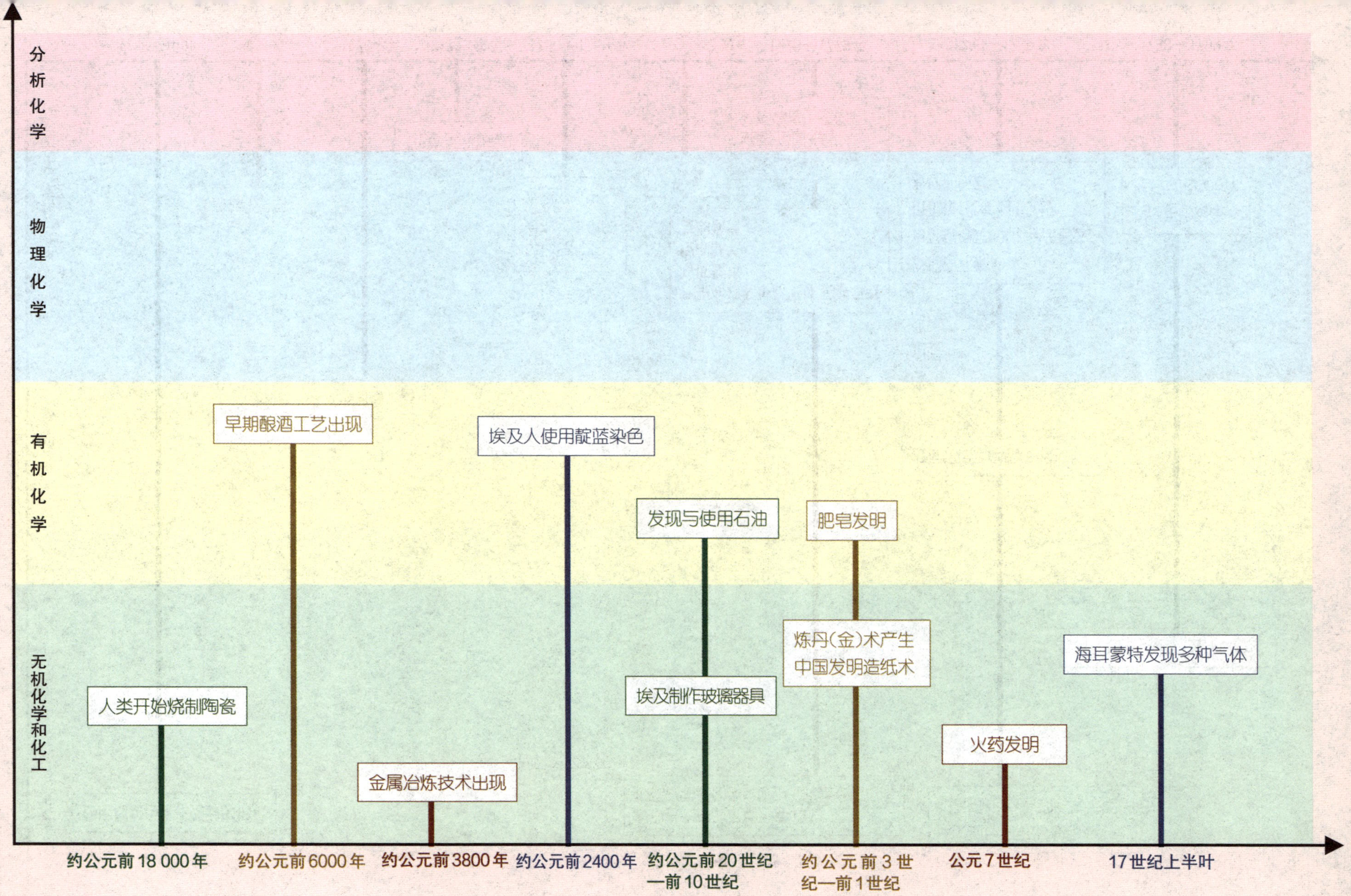
分析化学
物理化学
有机化学
无机化学和化工
人类开始烧制陶瓷
早期酿酒工艺出现
金属冶炼技术出现
埃及人使用靛蓝染色
发现与使用石油
埃及制作玻璃器具
肥皂发明
炼丹(金)术产生
中国发明造纸术
火药发明
海耳蒙特发现多种气体
约公元前18 000年
约公元前6000年
约公元前3800年
约公元前2400年
约公元前20世纪—前10世纪
约公元前3世纪—前1世纪
公元7世纪
17世纪上半叶

化学的萌芽期Ⓢ

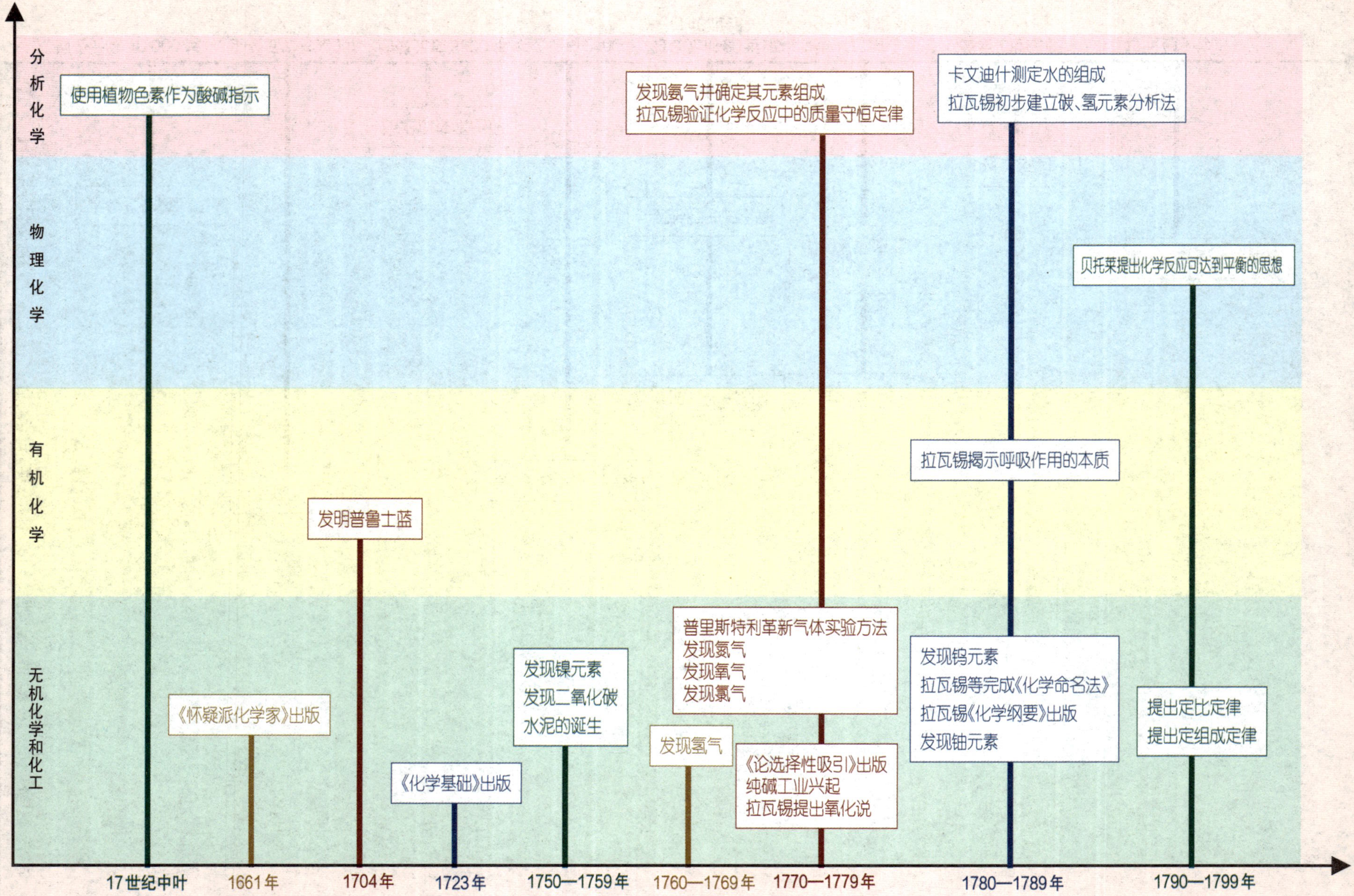
分析化学
物理化学
有机化学
无机化学和化工
使用植物色素作为酸碱指示
发现氨气并确定其元素组成
拉瓦锡验证化学反应中的质量守恒定律
卡文迪什测定水的组成
拉瓦锡初步建立碳、氢元素分析法
贝托莱提出化学反应可达到平衡的思想
拉瓦锡揭示呼吸作用的本质
发明普鲁士蓝
《怀疑派化学家》出版
《化学基础》出版
发现镍元素
发现二氧化碳
水泥的诞生
发现氢气
普里斯特利革新气体实验方法
发现氮气
发现氧气
发现氯气
《论选择性吸引》出版
纯碱工业兴起
拉瓦锡提出氧化说
发现钨元素
拉瓦锡等完成《化学命名法》
拉瓦锡《化学纲要》出版
发现铀元素
提出定比定律
提出定组成定律
17世纪中叶
1661年
1704年
1723年
1750—1759年
1760—1769年
1770—1779年
1780—1789年
1790—1799年

化学科学的形成期

好者也开始涉足化学研究，尤其在欧洲，一些生活富裕的、有闲暇时间的、渴望认知大自然的人士也加入了化学研究。他们的加入，使理论探索逐渐活跃起来，推动了化学的发展。

从17世纪中叶到18世纪末这一个半世纪的历史长河中，化学历经了对炼金术的批判、元素概念的提出、多种新元素和新物质的发现，尤其是氧元素的发现、燃烧说取代燃素说。由于确立了科学的元素概念，化学的研究初步有了研究对象。此时的化学研究主要是对无机物的研究，特别是对燃烧现象的研究。拉瓦锡在化学领域带来的革命性变化使化学开始赢得一门独立科学的地位，人们开始有意识地研究某些物质和反应，去探究它们的组成和变化。研究者开始以化学专业工作者的身份走上科学研究的舞台。

这一时期，化学发展体现出下列特点:(1)科学实验引入到化学中来，凭借此力量，化学从含混的古代自然哲学分化出来;(2)化学研究开始强调有目的的受控实验,而不是像古代简单地对自然现象观察，盲目地“实验”;(3)这时期建立起来的假说和理论,尽管仍为描述性的，缺乏严密性和精确性，但已不再是凭空猜测和臆想，而是建立在可靠的实验基础上，经过简单分析、推理而完成;(4)化学的实验方法已由定性过渡到定量研究阶段。

三、近代化学时期

这个阶段从19世纪初开始至19世纪末。

近代化学时期的到来，以道尔顿提出的原子论为标志。随着18世纪定量研究的不断发展，人们开始寻求解说化学反应中定量关系的理论。道尔顿原子论的提出从理论上成功地解说了许多事实。至此，化学进入微观层面。此时的化学家开始把化学看成是“关于原子的科学”。认识了原子，便是从本质上认识了化学。可见，这时期化学已有了严格的研究对象。经过18世纪各方面准备，到19世纪末，化学已进入到全面发展的黄金时代，这是经典化学的鼎盛期。从元素到原子，从元素的文字表达到原子量的测定，从原子间的亲和力到反应中的当量关系，从定性到定量，从无机化学到有机化学、分析化学和物理化学……化学学科的体系框架逐渐形成。

这一时期化学发展的特点是:(1)许多假说和理论已由描述上升到理论概括，如原子—分子论、元素周期律等;(2)这时期化学研究主要是处在宏观、静态水平;(3)由于道尔顿把原子量引入到化学中来，化学研究定量化有了保障，而且

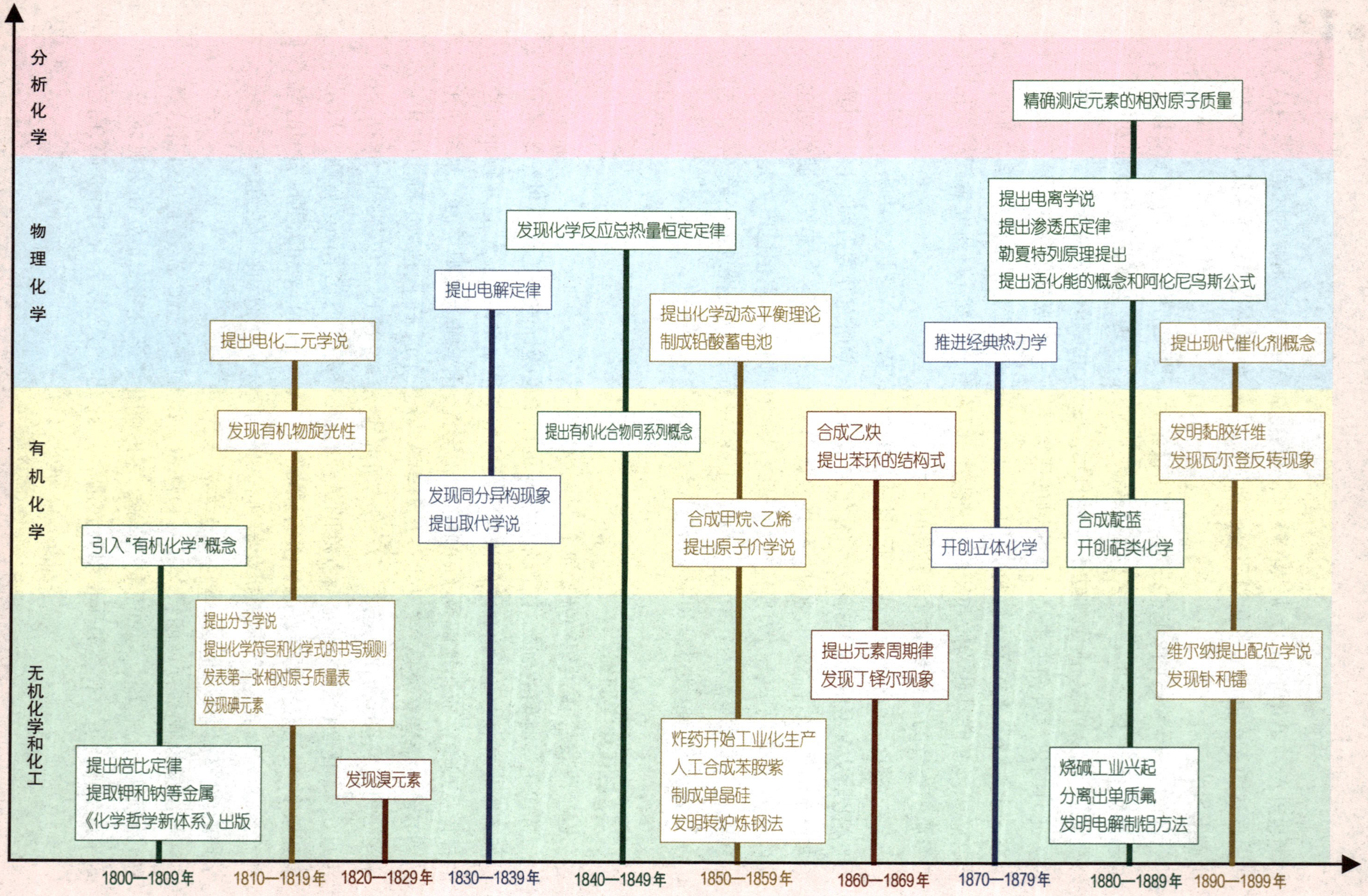

分析化学
物理化学
有机化学
无机化学和化工
1800—1809年
提出倍比定律
提取钾和钠等金属
《化学哲学新体系》出版
引入"有机化学"概念
1810—1819年
提出分子学说
提出化学符号和化学式的书写规则
发表第一张相对原子质量表
发现碘元素
发现有机物旋光性
提出电化二元学说
1820—1829年
发现溴元素
1830—1839年
发现同分异构现象
提出取代学说
提出电解定律
1840—1849年
提出有机化合物同系列概念
发现化学反应总热量恒定定律
1850—1859年
炸药开始工业化生产
人工合成苯胺紫
制成单晶硅
发明转炉炼钢法
合成甲烷、乙烯
提出原子价学说
提出化学动态平衡理论
制成铅酸蓄电池
1860—1869年
提出元素周期律
发现丁铎尔现象
合成乙炔
提出苯环的结构式
1870—1879年
开创立体化学
推进经典热力学
1880—1889年
烧碱工业兴起
分离出单质氟
发明电解制铝方法
合成靛蓝
开创萜类化学
提出电离学说
提出渗透压定律
勒夏特列原理提出
提出活化能的概念和阿伦尼乌斯公式
精确测定元素的相对原子质量
1890—1899年
维尔纳提出配位学说
发现钋和镭
发明黏胶纤维
发现瓦尔登反转现象
提出现代催化剂概念

近代化学时期 ⓢ

数学开始与化学结合，具体体现在19世纪后期的物理化学之中；(4)化学建立的重要科学理论，如原子—分子论和元素周期律，不仅成为化学科学的重要理论，同时也是整个自然科学的理论，也是之后科学发展的重要基础；(5)综合利用和合成化学时代的到来，呈现了化学推动和改善人类生产和物质生活的应用价值。

四、现代化学时期

19世纪末电子和放射性的发现，使化学进入了新的发展期。对电的研究，让科学家发现了X射线和亚原子粒子(电子、中子和质子)。由对它们的研究进而又发现了放射性元素，构建了原子结构和分子结构理论。这些理论帮助学者进一步认识了原子的结构以及亚原子粒子之间的关系，使化学研究微观化有了实现的可能。

化学研究对象在此阶段大大扩展了，不仅要研究宏观，更重要的是要研究微观。这时期化学研究的内容，主要包括以下几个方面:(1)原子结构、分子结构和晶体结构的研究;(2)原子核结构和核内微粒运动规律的研究;(3)化学键本质的研究;(4)合成化学及其反应机理的研究;(5)化学分析检测技术的创新和应用;(6)化学产品的工业化生产等等。

化学家们探索未知世界，攀登科学高峰的脚步并未终止，化学学科还在继续向前发展，也许有一天，你们也会加入到他们的探索行列，为后人留下串串光辉灿烂的足迹！

在即将收笔的最后一刻，还想导引一下阅读此书的读者。本书可以作为一个化学史的查询工具，你可以根据年代查找重要的化学事件和人物。但千万记得要仔细阅读后记中关于化学的四个分期和四幅分期图。因为只有了解了四个分期，以及当时的社会文化背景，才能更好地理解本书所列的化学事件和人物。也希望读者能够去体会每一个故事所隐含的道理。这些故事告诉你化学来自于生活和生产实践，来自于化学家对探究未知世界的热情和执着，来自于不断的论证和证伪，来自于大量的假想和创新、实验和运算，来自于感性和理性。

我们非常喜欢北美教育家多尔在他的《后现代课程观》一书中的一段话，引用这段话如下：

我相信，我们正不可改变地、无以逆转地步入一个新的时代，一个后现代的时代。这一时代尚且过新，无法界定自身，或者说界定的概念过于狭隘，无以表达后现代性。当我们向这一时代前行之时，我们需要将科学(Science)的理性与

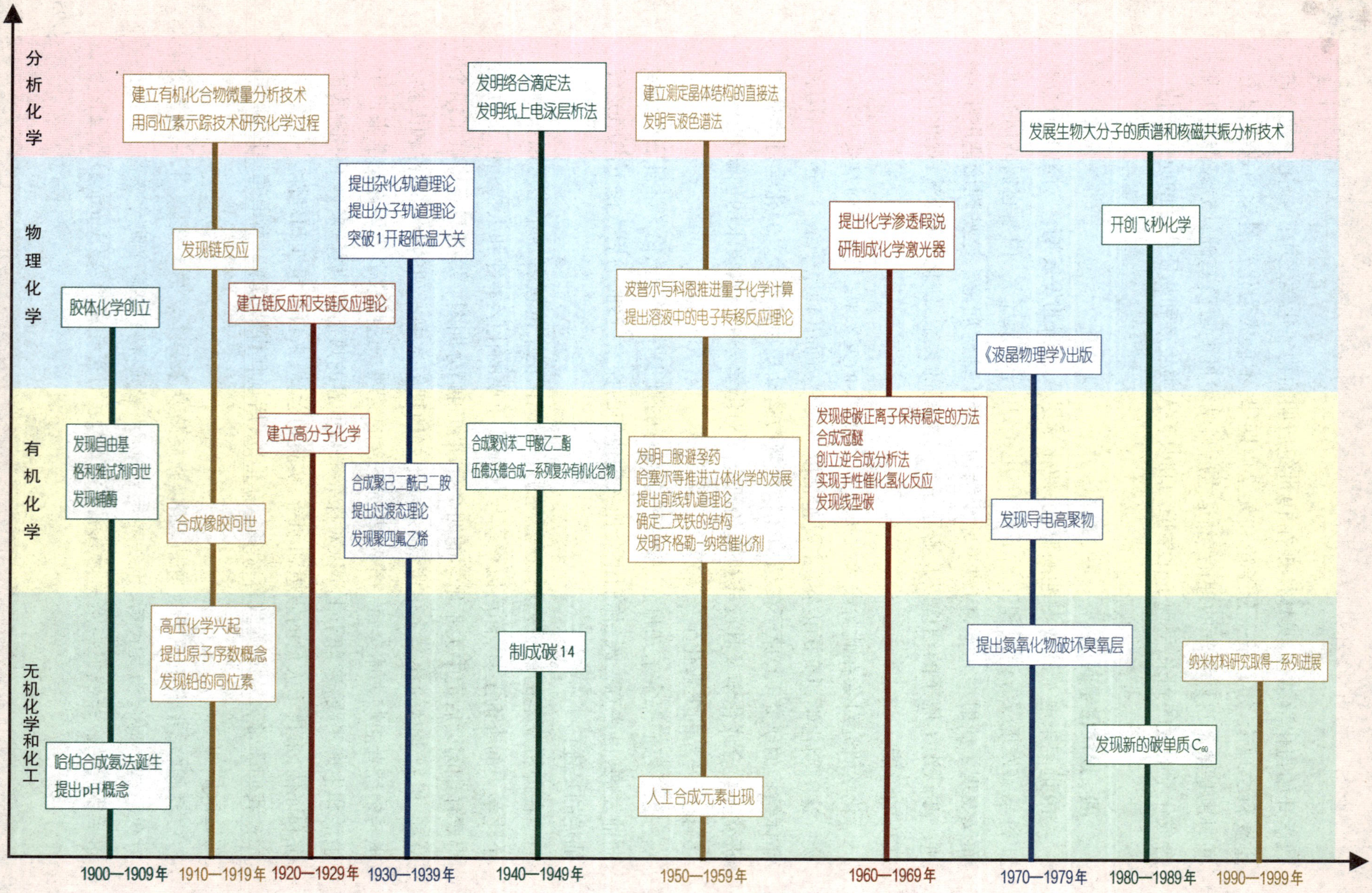

分析化学
物理化学
有机化学
无机化学和化工
1900—1909年
胶体化学创立
发现自由基
格利雅试剂问世
发现辅酶
哈伯合成氨法诞生
提出pH概念
1910—1919年
建立有机化合物微量分析技术
用同位素示踪技术研究化学过程
发现链反应
合成橡胶问世
高压化学兴起
提出原子序数概念
发现铅的同位素
1920—1929年
建立链反应和支链反应理论
建立高分子化学
1930—1939年
提出杂化轨道理论
提出分子轨道理论
突破1开超低温大关
合成聚己二酰己二胺
提出过渡态理论
发现聚四氟乙烯
1940—1949年
发明络合滴定法
发明纸上电泳层析法
合成聚对苯二甲酸乙二酯
伍德沃德合成一系列复杂有机化合物
制成碳14
1950—1959年
建立测定晶体结构的直接法
发明气液色谱法
波普尔与科恩推进量子化学计算
提出溶液中的电子转移反应理论
发明口服避孕药
哈塞尔等推进立体化学的发展
提出前线轨道理论
确定二茂铁的结构
发明齐格勒-纳塔催化剂
人工合成元素出现
1960—1969年
提出化学渗透假说
研制成化学激光器
发现使碳正离子保持稳定的方法
合成冠醚
创立逆合成分析法
实现手性催化氢化反应
发现线型碳
1970—1979年
《液晶物理学》出版
发现导电高聚物
提出氮氧化物破坏臭氧层
1980—1989年
发展生物大分子的质谱和核磁共振分析技术
开创飞秒化学
发现新的碳单质C_{60}
1990—1999年
纳米材料研究取得一系列进展

逻辑、故事(Story)的想象力与文化,以及精神(Spirit)的感觉与创造性结合起来。

我们在编写时力求按照多尔倡导的3S(Science科学,Story故事,Spirit精神)理念去撰写每一个条目,希望我们的读者能够在阅读过程中不仅获得知识,了解具体事件,还将产生对科学的兴趣和热情,感悟到更多的科学人文精神,真正理解科学。

最后要感谢兰彧、任宁生和倪佳楠的参与,他们为本书提供了许多资料和图表,使得本书能够以更好的面貌展现给读者。

图片来源

本书所使用的图片均标注有与版权所有者或提供者对应的标记。全书图片来源标记如下：

Ⓨ 北京图为媒网络科技有限公司（www.1tu.com）

Ⓦ 维基百科网站（Wikipedia.org）

Ⓟ 已进入公版领域

Ⓒ《彩图科技百科全书》

Ⓢ 上海科技教育出版社

Ⓞ 其他图片来源：

P1，Mountain；P13，Ytrottier；P15，Smokefoot；P18，Halen；P20 上，Léon van Dievoet；P21，Dr. Richard Murray；P36 下，P94，P122 下，P144，P167 右，P175，Ben Mills（Benjahbmm27）；P44，Jastrow；P46 上，Edal Anton Lefterov；P48，Stephencdickson；P51，Selbymay；P54，Bruno Kussler Marques；P55 下，GuidoB；P64，Tage Olsin；P69，Jacques59370；P76，Banza52；P77，Wellcome Library, London；P79，Klaus Mueller；P85，Shaddack；P87，Haltopub；P90，optick；P101，LadyofHats；P109，KoS；P113，NASA Langley Research Center；P114，V8rik；P121，Matylda Sęk（Cygaretka）；P123，Patrícia R；P125 上，JGvBerkel；P125 下，Drahkrub；P128，Dr. Marcus Gossler；P131 左，Franklin D. Roosevelt Library；P131 右，Антон Оболенский（Azh7）；P132，Fastfission；P135，Inductiveload；P145，Julien Bobroff，Frederic Bouquet，LPS，Orsay，France；P149，trozzolo；P150，Supaplex；P155，LHcheM；P156，Jeffrey M. Vinocur；P161，Markus Pössel；P163，commander-pirx；P164，サヤ；P166，CBMiM PAN，Polimerek；P168，TMaster；P170，Ruesterstaude；P172，NikNaks；P173，puppy8800；P174，US Air Force；P176，Smokefoot；P179，Rice University News & Media；P180，NASA；P181，Biswarup Ganguly；P183，Daniel Mietchen；P184，UCL Mathematical and Physical Sciences；P185，Chemical Heritage Foundation，Douglas A. Lockard；P186，paul_houle；P187，Jeff Dahl；P188，Furmanj；P189，Eric Wieser。

特别说明：若对本书中图片来源存疑，请与上海科技教育出版社联系。